A GLIMPSE OF TIANGONG

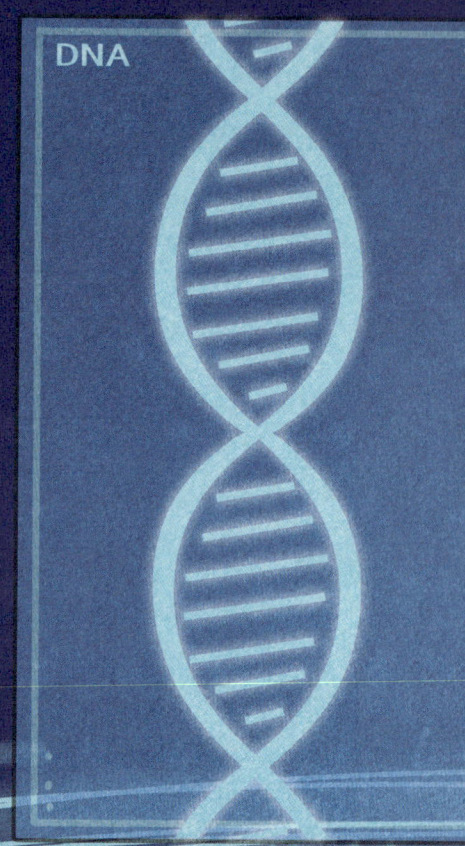

走进天宫
科普丛书

太空实验
动植物篇

DNA

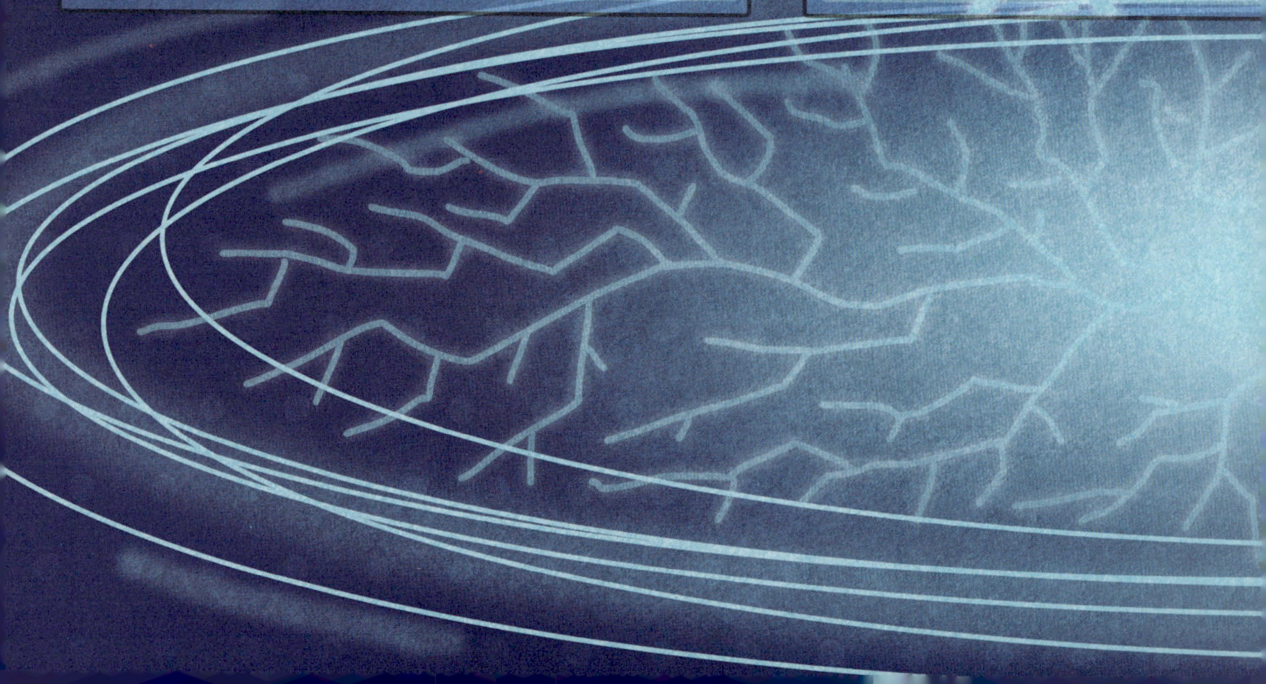

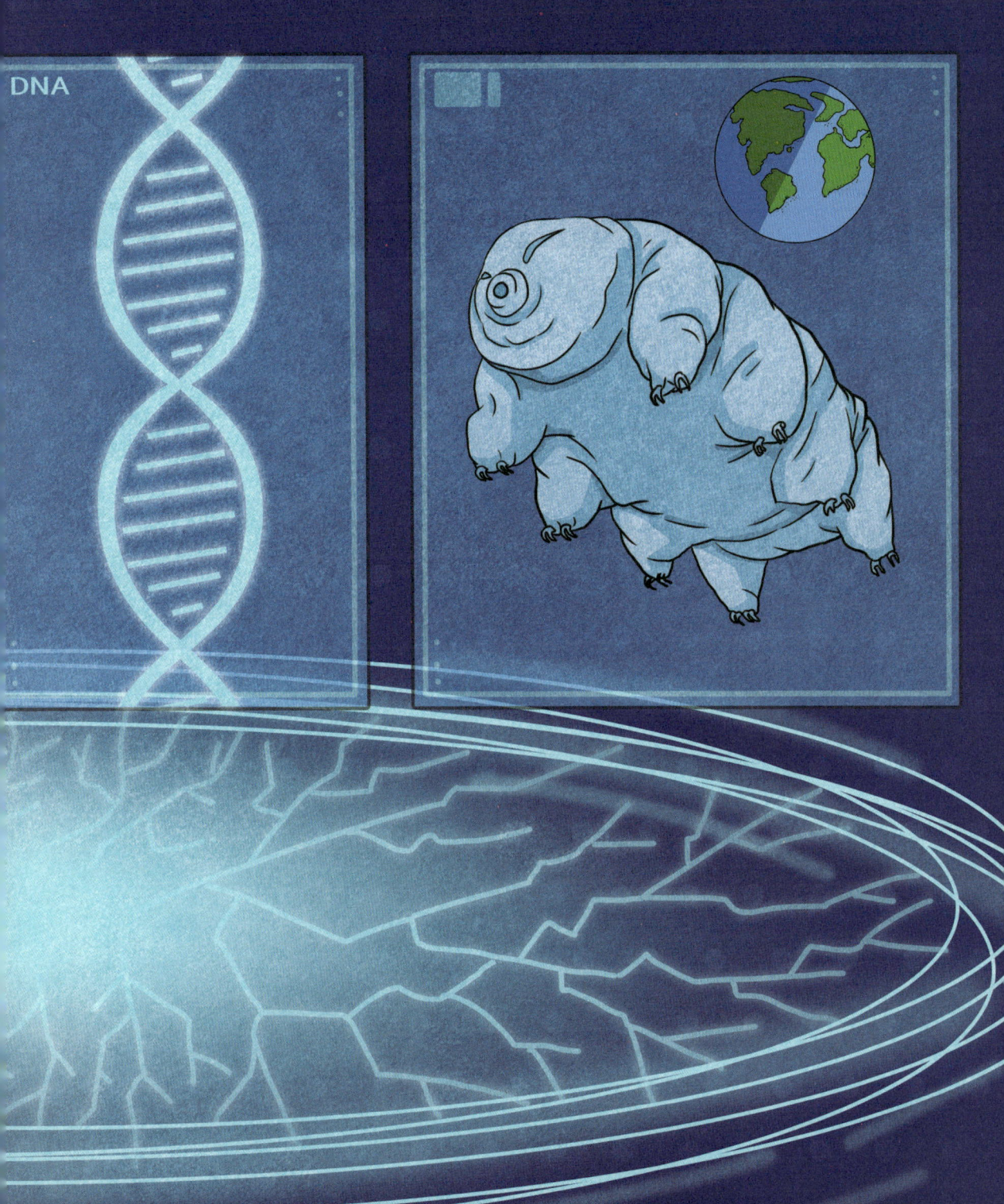

目录 CONTENTS

01 太空中的动物

扫码观看视频

第一个成功进入太空的动物，竟是不起眼的它？   3
   首闯太空的幸运儿   3
   太空实验的宠儿   5

> **小知识** 六项诺贝尔奖，十位获奖科学家，一致要感谢的竟是它   14

是流浪汉，也是航天员，太空第一狗的耀眼瞬间   20
   从流浪狗到航天员，只隔了一根火腿肠的距离   22
   一场只有单程票的"太空之旅"？   25
   高调亮相惊天动地，黯然谢幕扑朔迷离   28
   相信你还在这里，从不曾离去   33

水熊虫"平步青云"上了天，怎么成了最悲催的太空游？   40
   天上"开挂"为哪般？极端环境做实验   43
   生存能力超强悍，勇闯太空鬼门关   46
   天上做个"日光浴"，竟然发现了太空生存的杀手之一？   48

| 小知识 | 杀不死、偷基因、长命百岁？你对水熊虫是不是有些误会？ | 51 |

地上遛狗，天上遛蚕？蚕宝宝太空吐丝"火出圈"！ 61
  机会降临：蝴蝶PK蚕，蚕胜出 63
  参加海选：优中选优千里挑一，竟然还要考翻过来翻过去？ 66
  初次亮相：住别墅、披棉袍，大腕身边跑龙套 69
  "C位"出道：喂饭靠扭，放风靠遛，铲屎靠抽，这都能冲上热搜！ 72
  表现亮眼：太空成功吐丝结茧，完美谢幕意义非凡 76

02 太空中的植物

太空能种菜吗？真的种过土豆吗？ 85

| 小故事 | 薯条"妈妈"竟然会用到太空技术？ | 91 |

| 小故事 | 看完《火星救援》，几个孩子真在太空种上了土豆！ | 94 |

扫码观看视频

太空种什么菜好呢？好吃的，还是抗饿的？　　　　96
太空种菜就是把菜园子搬上天吗？　　　　　　　　98

小知识
　　植物实验界的网红——拟南芥　　　　　　　　101

植物在太空中会朝哪个方向长？分得清天与地吗？　102
植物在太空"野蛮"生长？怎么办？　　　　　　　104
不管是什么太空植物，一律喜欢粉红色？　　　　　107
太空植物又没病，为什么经常要打针？　　　　　　110
没法"招蜂引蝶"，太空植物怎么传宗接代？　　　　113

小故事
　　在太空绽放的第一朵花，背后的功臣你
　　绝对想不到！　　　　　　　　　　　　　　　115

太空种的菜能吃吗？和地球上的菜味道一样吗？　　118

扫码观看视频

太空实验：动植物篇

A GLIMPSE OF TIANGONG

太空中的
动物

01

第一个成功进入太空的动物，竟是不起眼的它？

首闯太空的幸运儿

第一个成功进入太空的动物是什么？很多人都认为是那条大名鼎鼎的小狗——1957年11月3日被苏联送入太空的莱卡。其实，莱卡广为人知缘于它是第一只真正绕着地球飞行的动物。在莱卡之前，记录在案的就有近三十只小狗被送入太空。除此之外，还有其他动物，包括猴子、小鼠和一种小小的、不起眼的动物。它们在太空短暂停留，成为人类走出地球的"先头兵"。其中那位小小的、不起眼的动物，才是第一个成功进入太空的幸运儿。

20世纪40年代，当科学家们开始探索太空时，并不了解人类在太空环境下会发生些什么：太空辐射可能对人类产生什么影响？人体血液流动是否会出现问题？人的各个器官能否正常运转？因此，动物航天员诞生了，科学家们利用动物来测试太空飞行的生存能力。

1947年2月20日，美国从新墨西哥州的白沙导弹靶场发射了一枚装有一批果蝇的V-2火箭，以研究辐射对生物体的影响，测试来自太空的辐射是否会成为危及航天员的潜在问题。火箭在3分10秒内到达了109千米的高度，不过这只是短暂的升空，并没有实现绕着地球轨道飞行。降落伞带着果蝇返回地面后，研究人员发现果蝇都活了下来。因此，这些小小的、不起眼的果蝇被认为是第一批进入太空并返回的有生命和有知觉的生物。科学家们得出了一个重要的结论，太空辐射对果蝇没有显著的伤害。此次飞行向科学家证明了生物是可以离开地球的大气层，然后活着返回地球的。

1964年7月19日在安徽广德县发射了我国第一枚生物探空火箭T-7A/S1，成功搭载了装着果蝇的12支生物试管，以及8只白鼠，用于研究超重和失重、高空弹射、宇宙辐射对生物的影响。T-7A/S1飞行高度达到了70千米，使我国科学家首次获得高空生物火箭试验的科学数据，证明了我国早期研发的生命保障工程系统的设计合理性与工作可靠性，为后续开展太空生物实验奠定了基础。

太空实验的宠儿

如果你在家中腐烂的香蕉皮周围发现了一群嗡嗡作响的小黑点,你会不会一边喊"苍蝇!"一边去找苍蝇拍?这个举动很可能会让科学家们感到痛心,这些小家伙可是果蝇,它们是科学家做科研的好伙伴、实验室的宠儿,怎么能和苍蝇混为一谈呢!

果蝇和苍蝇虽然长得像,都是昆虫纲双翅目动物,但它们一个属于双翅目果蝇科,一个属于双翅目蝇科,是完全不同的两个物种(图1-1)。果蝇之所以叫果蝇,是因为它只吃水果,对其他垃圾丝毫不感兴趣。所以果蝇其实是个爱干净的大眼仔,绝不会与苍蝇同流合污。

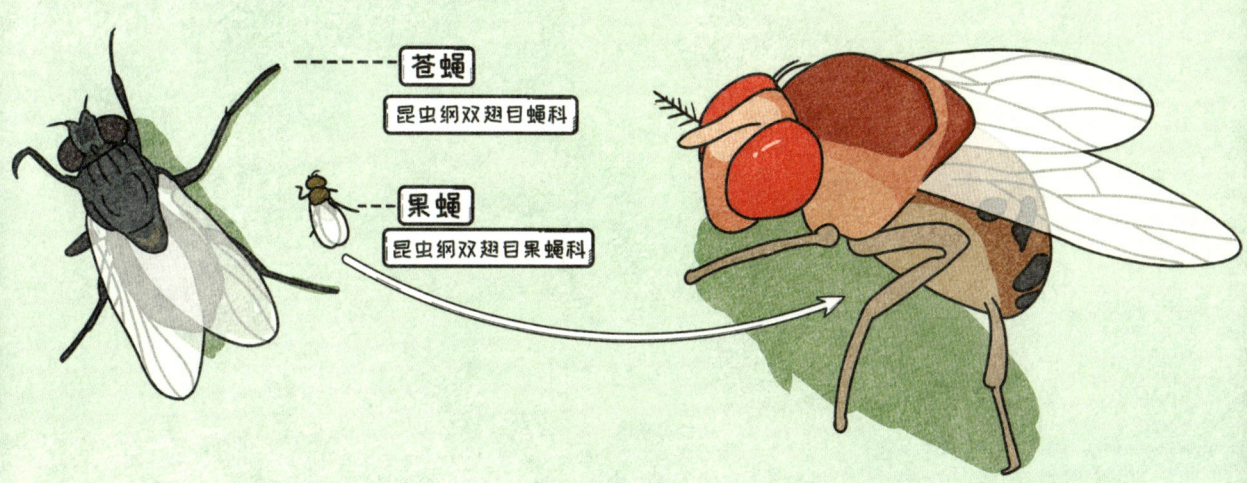

图 1-1 实验室的宠儿果蝇(右)及与苍蝇对比(左)

6

自 1947 年首闯太空之后，果蝇 70 多年来一直是太空实验的主要研究对象之一，是深受科学家喜爱的太空实验宠儿。在 20 世纪 40~50 年代太空探索初期，将果蝇送入太空的主要目的是"探生存"，研究生物在发射过程及在太空特殊环境下的存活能力，以及辐射对生物遗传的影响等。20 世纪中后期，实验重心转移到"探生活"，分析太空环境包括微重力、辐射、昼夜节律变化等条件对果蝇的生殖、发育、遗传、代谢等方面的影响。

进入 21 世纪，空间生命科学技术飞速发展，航天员在太空直接参与实验，实现了活体果蝇在太空长期生长繁殖。研究表明，人类和果蝇的基因相似率高达 60%。因此，对果蝇的研究从"探生活"拓展到了"探生命"，从基本生长发育研究、昼夜节律及睡眠研究拓展到了遗传变异研究、免疫系统研究等，以帮助科学家弄清长期太空任务对航天员身体的影响，以及研究身体对新的压力环境的反应方式，同时也为了解地球上一系列疾病机制、探索人类疾病的遗传基础、研究人体免疫系统等提供参考。

为了持续监测果蝇在太空中的行为和健康状况，国外科学家在国际空间站为果蝇搭建了多种专属"别墅"——果蝇实验室，开展各类短期和长期果蝇太空实验。

第一种"别墅"是一个果蝇盒系统，由三部分组成：一是果蝇盒，将果蝇安全运送到国际空间站，为果蝇提供封闭的栖息地（图 1-2）；二是果蝇食物更换平台（图 1-3），用于插入和取出食物托盘，在不破坏容器的情况下更换果蝇食物，并允许提取果蝇幼虫进行保存；三是飞行相机（图 1-4），用于监测果蝇在实验期间的行为。

图 1-2　为果蝇提供栖息地的果蝇盒

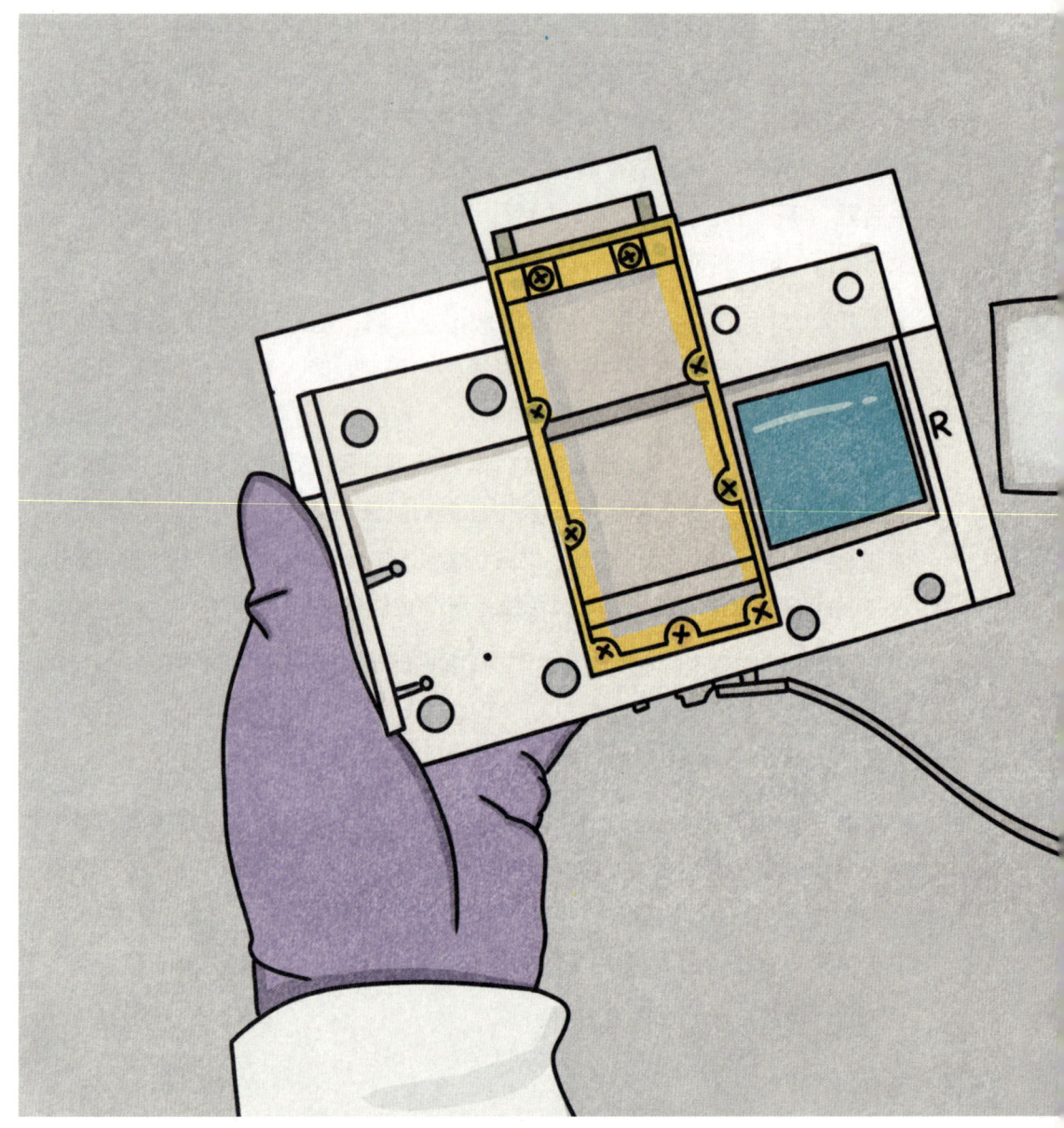

图1-3 果蝇食物更换平台,蓝色部分为用蓝色食用染料进行染色的果蝇食物

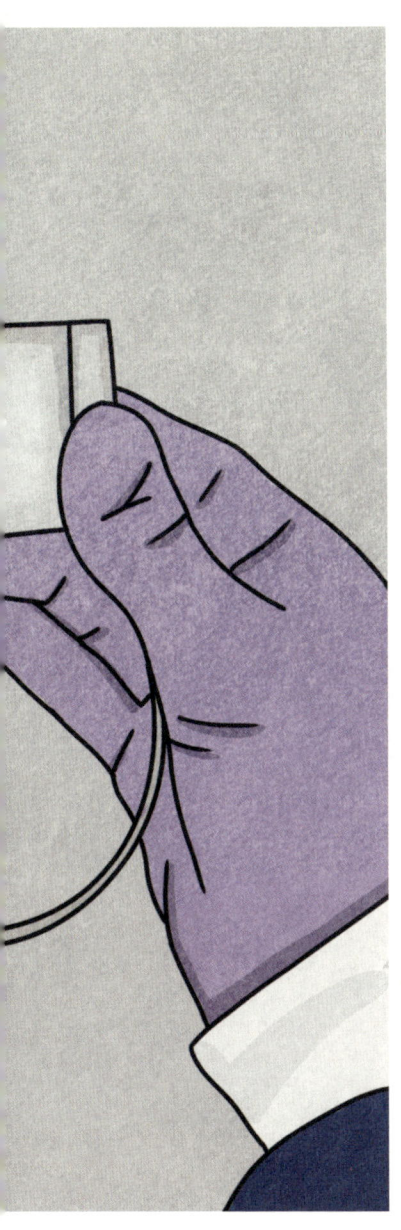

果蝇盒系统成功搭建后，12个果蝇盒被送上国际空间站执行"果蝇实验室01"任务，每一盒里装满15只果蝇（10只雌性和5只雄性）。"果蝇实验室01"任务标志着国际空间站上用于长期果蝇实验的新研究平台的首次飞行，果蝇从此有了长期住所。

科学家认为，人在太空飞行环境中更容易受到致病微生物或病原体的感染。虽然果蝇的免疫系统与哺乳动物的免疫系统并不完全相同，但有许多相似之处。"果蝇实验室01"任务主要对果蝇的免疫系统展开研究，以探索为什么人在太空飞行环境下更容易感染疾病，同时测试果蝇新"别墅"的硬件性能。

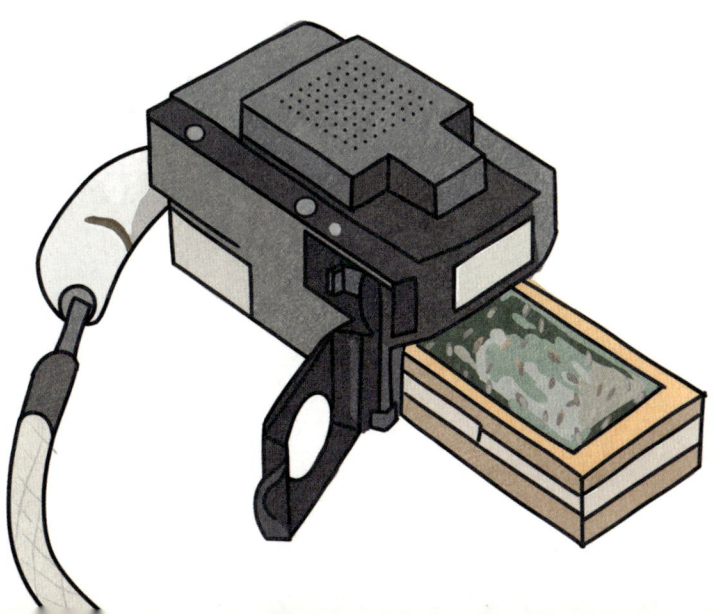

图1-4　果蝇盒系统的飞行相机

另一种"别墅"是一个通风果蝇箱，一个果蝇箱可容纳并安全运输多达 15 个标准果蝇瓶（图 1-5）。通风果蝇箱配备数据记录器以监测温度和湿度，设有透明的侧窗以进行检查，网眼覆盖的通风孔有助于气流进入样品，同时保持生物样品的密闭性。

图 1-5 可容纳 15 个标准果蝇瓶(左)的通风果蝇箱(右)

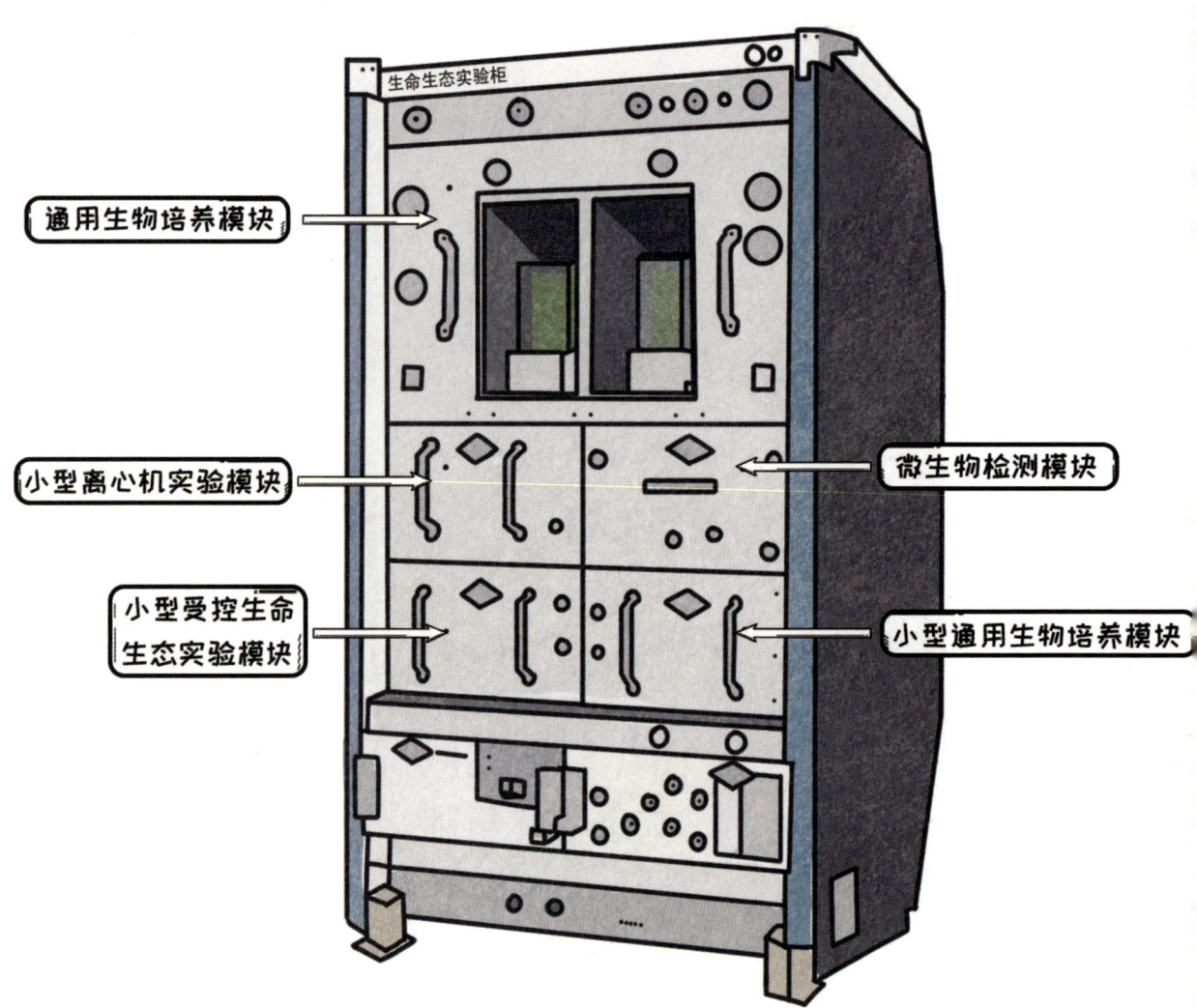

图 1-6 进行太空果蝇实验的问天实验舱生命生态实验柜

利用通风果蝇箱，科学家开展了心血管系统研究、免疫系统研究等多项实验。例如，将健康果蝇和带有易患心脏功能障碍遗传基因的果蝇一起送入太空，在太空中生长发育后送回地球进行进一步研究，以深入了解太空飞行对心血管系统的影响。

另一项实验则是将果蝇和一种染病的寄生蜂送入太空，两种动物分别在太空生长发育，然后被送回地球。回到地球后，开展了三种实验进行对照分析，分别是：在太空发育的寄生蜂感染太空发育的果蝇，在太空发育的寄生蜂感染地球果蝇，以及在地球上发育的寄生蜂感染太空果蝇。对照分析的结果将有助于研究太空飞行如何改变人类抵抗病原体的先天免疫能力。

2022年7月24日，我国成功发射了问天实验舱，果蝇和线虫、斑马鱼等动物一起飞上了天，果蝇太空实验将在问天实验舱内的生命生态实验柜（图1-6）中进行。果蝇登上了天宫空间站，再看到这个不起眼的小家伙，想想它对太空实验的贡献，千万不要再说"苍蝇"啦！

扫码观看

六项诺贝尔奖，十位获奖科学家，一致要感谢的竟是它

诺贝尔奖获得者迈克尔·杨在到访中国的一次活动上说，他不可能只靠自己就取得伟大的成就，除了感谢他的家人、朋友和同事以外，他还要感谢他最年长的一位"同事"——果蝇。迈克尔·杨正是通过研究果蝇，发现了控制昼夜节律的分子机制，与另外两位科学家一同获得了2017年诺贝尔生理学或医学奖。

要感谢果蝇的科学家远远不止迈克尔·杨。从1933年"现代遗传学之父"托马斯·摩尔根凭借对果蝇遗传突变的研究获得诺贝尔生理学或医学奖以来,不到一百年的时间,共有十位科学家因基于果蝇研究的开创性工作,先后斩获六项诺贝尔奖。科学家们打趣道,"果蝇现在已经成为地球上最著名的生物。"果蝇在遗传学、生理学、医学、生物化学以及分子生物学等诸多领域成为科学家在实验室的得力助手,为数以千计的研究人员提供了"养家糊口"的工作和"扬名立万"的机会。研究人员感慨道:"它好像就是为了帮助科学家而设计的。"

图1-7　自1933年以来,十位科学家因研究果蝇先后获得六项诺贝尔奖
(1995年和2017年分别有三位获奖者)

小小的果蝇究竟有何魔力，能成为实验室的无冕之王，培养诺贝尔奖的专业户呢？

首先，果蝇是个小不点儿，苍蝇的体长一般为5～12毫米，而果蝇体长不到3毫米，和一个针眼差不多长（图1-8），即使成千上万的卵子、胚胎、幼虫或成虫都不会占用太大的空间。果蝇也非常好养活，依靠一些腐烂的水果或者简单配制的培养基就足以生存，维持大量种群只需用很少的资源和设备，可谓"物美价廉"的典范。

其次，果蝇繁殖和成熟速度飞快，在短短的几周内便能实现"四世同堂"，这样科学家就可以开展多代遗传快速研究，也可以在很短的时间里产生足够用于数理统计分析的研究样本。

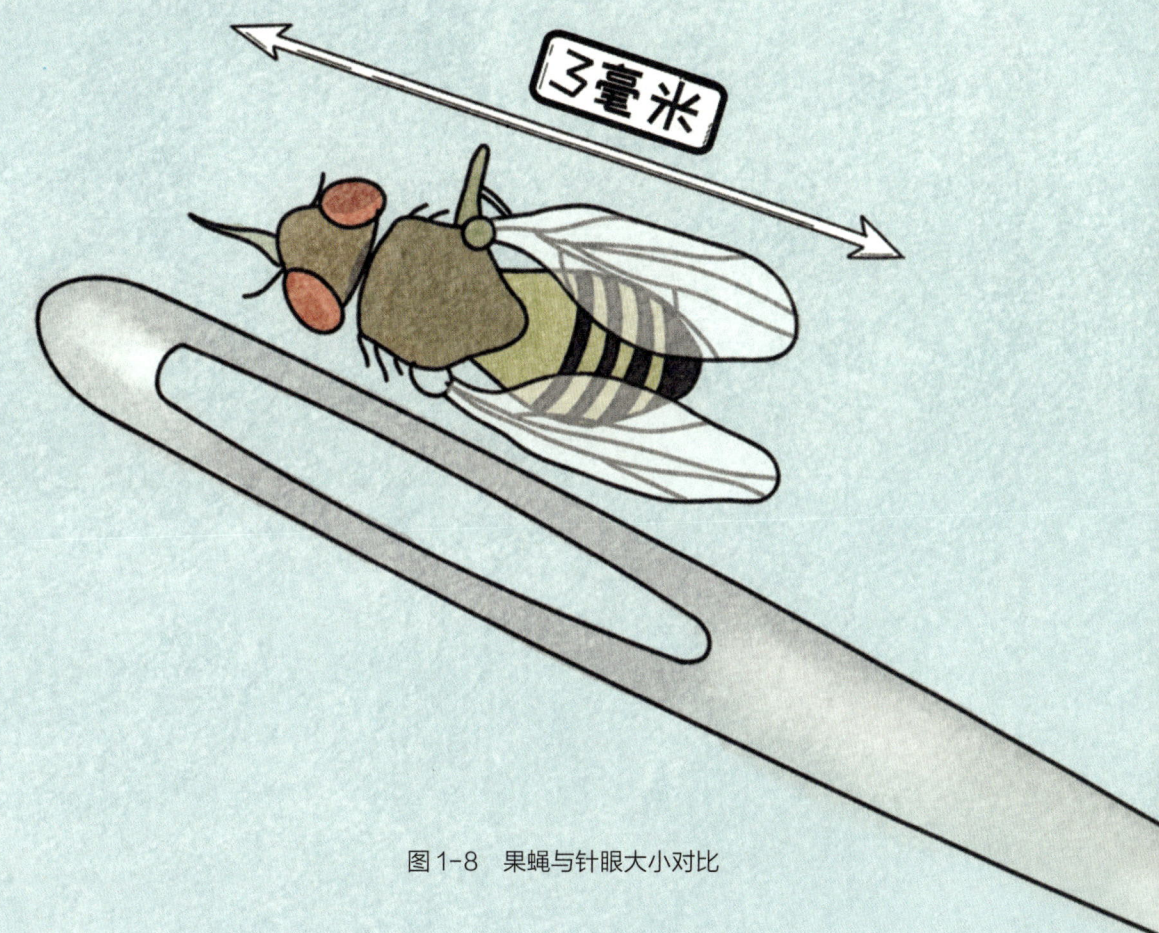

图 1-8 果蝇与针眼大小对比

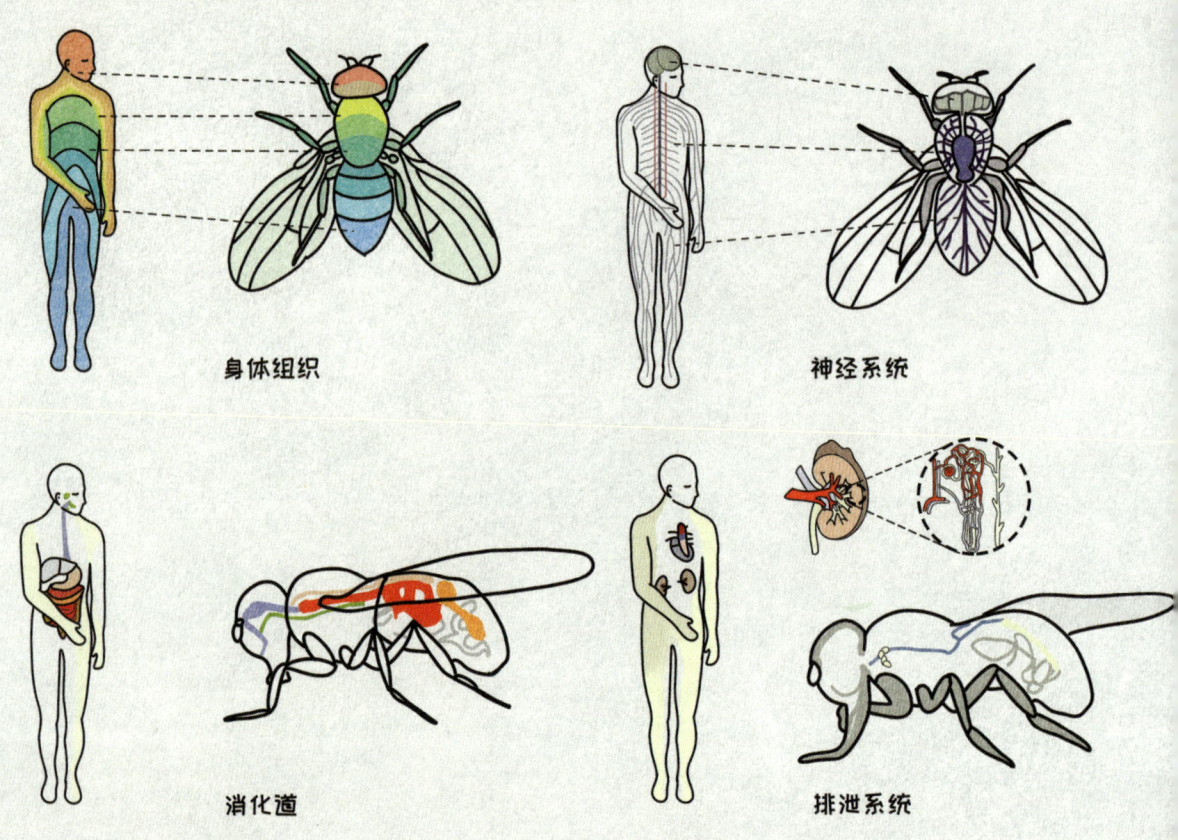

图 1-9　人类与果蝇在身体组织、神经系统、消化道及排泄系统方面的相似性

果蝇的基因组只有四对染色体，具有清晰的遗传背景。同时果蝇的基因有很高的突变率，有很多易于诱变分析的遗传特征，这一特点奠定了果蝇在遗传学中的重要地位。在长期的研究中，科学家积累了很多关于果蝇的知识，制备了大量的突变体，极大地方便了实验的设计和操作。

果蝇的基因组测序已于2000年完成。尽管果蝇在外观上与人类相差甚远，但是在遗传方面与人类的共同点很多。根据2000年美国国家人类基因组研究所的研究，人类和果蝇的基因相似率高达60%，两者的身体组织、神经系统、消化道及排泄系统等具有一定的相似性（图1-9）。2001年美国加州大学圣地亚哥分校的生物学家研究发现，大约75%的已知人类疾病基因在果蝇中都有相似的基因。因此，果蝇被用作多种人类疾病的研究模型，如癌症、帕金森病、老年痴呆症、自闭症、糖尿病、心血管疾病等。

在实验室表现如此优秀的果蝇，想必未来还会培育出新的诺贝尔奖得主！

是流浪汉，也是航天员，太空第一狗的耀眼瞬间

论起历史上最著名的动物，太空第一狗莱卡（图1-10）一定榜上有名。虽然它并不是第一个进入太空的动物，也不是第一条进入太空的狗，但是它在1957年创造了历史，成为第一个进入地球轨道绕着地球飞行的动物，实现了载人航天领域科研的重大突破。因此，莱卡被誉为"太空第一狗"而名扬四海，在人类探索太空的历程中，莱卡的地位无可替代。

图 1-10　太空第一狗莱卡

从流浪狗到航天员，只隔了一根火腿肠的距离

从流浪狗到航天员之间有多远？对三岁的小狗莱卡来说，只隔了一根火腿肠的距离。

自 20 世纪 40 年代末起，苏联利用弹道导弹改装的运载火箭实施了广泛的动物飞行计划。苏联科学家认为，狗是最适合太空飞行实验的动物。从 1950 年夏天开始，苏联研究人员带着火腿肠，在莫斯科的街道上搜寻小型雌性流浪犬，从中物色潜在的狗狗航天员。1951 年 7 月 22 日，苏联首次成功地将狗发射进入太空，在短暂停留后安全返回地球。1957 年，一只在莫斯科街头流浪的小狗莱卡就这样被一根火腿肠吸引，被研究人员带回了研究所，完成了从流浪狗到备选航天员的华丽转身。它是一只三岁的混种犬，大约 6 千克重，没有人知道它真正的血统。

为什么苏联研究人员对雌性流浪犬情有独钟？它们为什么能成为航天员？

在 20 世纪 40 年代末，人类对载人航天的探索还处在起步阶段，不了解太空飞行会对人类产生怎样的影响。因此，科学家将目光投向了动物，利用动物进行太空飞行实验，验证活着的生物在被发射到轨道后是否可以在太空环境中生存，以及生物体如何对太空飞行环境做出反应。苏联科学家为合适的实验对象列出了一份极为苛刻的要求清单：能够忍受太空飞行加速度导致的压力，对严酷环境的反应与人类要有相似性，能够适应在狭小的封闭空间内长时间地被束缚，能够适应穿着特殊的衣服，易于训练、监控和照顾。

在开展了多种动物对比分析后，狗狗脱颖而出。苏联科学家提出，人类上天之前最好先用狗做实验。他们认为，狗的生物耐受和感知与人类相似，尽管没有灵长类与人的相似度那么高，但灵长类动物（如猴子）很难训练，容易患上感冒和各种疾病，会从自己身上扯下传感器。而狗对人的忠诚度要比灵长类高得多，非常善于与人交流和社交，通过短暂的训练就可以把它们送入太空做实验。

相比于家养的小狗，流浪狗更适合进行活体太空实验，因为它们能在极度寒冷和饥饿的条件下生存，证明它们身体更强壮，适应环境的能力更强，而且对生活的要求很低，更能经受住严酷环境的考验。

与公犬相比，母犬具有更温顺、更安静、韧性更强的优点。不过选择流浪母犬的主要原因还是因为母犬一般体型更小，占用的空间少，而且母犬小便时不用抬起一只脚，这就意味着它比公犬需要的空间更小，为它们设计卫生设施和航天服可以更简单。

据苏联研究人员回忆，莱卡在街头被选中，除了因为它是一只符合要求的小型流浪母犬，还因为它长相甜美，毛色很浅，在太空飞行中拍照更上镜，也适合在电视屏幕上观看。更重要的是，莱卡显得"非常冷静"。

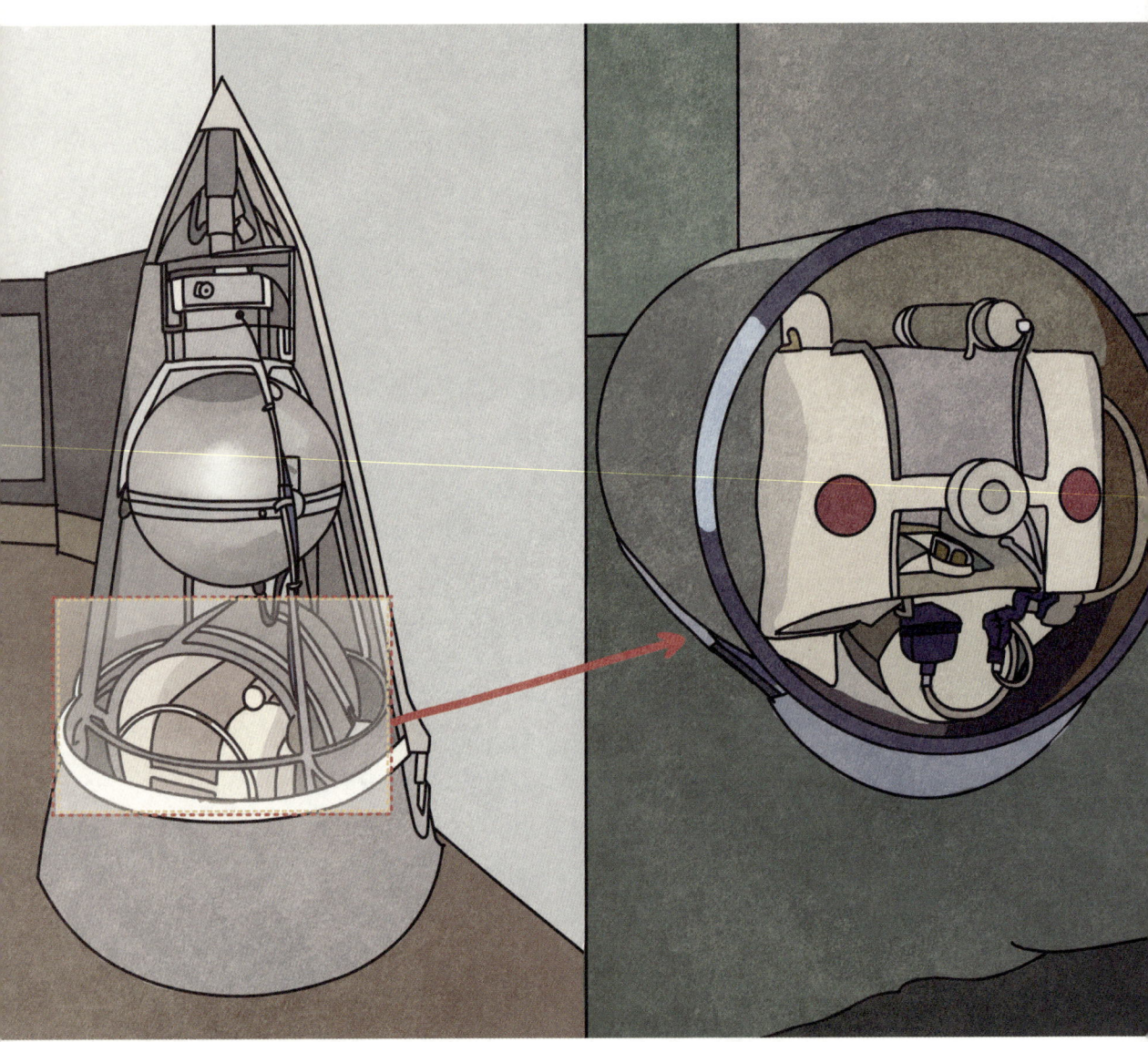

图 1-11 "斯普特尼克二号"卫星模型(左)中的小狗太空舱及模型(右)

一场只有单程票的"太空之旅"?

1957年10月4日,苏联将人类第一颗人造地球卫星"斯普特尼克一号"成功送入轨道。大约一周后,时任苏联领导人赫鲁晓夫发出指示,要在十月革命40周年纪念日,即1957年11月7日发射第二颗卫星,并将活的小狗送入太空,完成"太空奇观"。

时值美苏冷战不断升级,苏联此举显然是想彰显航天实力震惊世界,并向美国示威。但是那时苏联还没有掌握在太空绕着地球轨道飞行后安全返回地球的技术,用不到四周的时间来设计和制造"斯普特尼克二号"卫星,根本不可能加装返回装置让小狗有机会返回地球,更不用说开发可靠的生命支持系统了。也就是说,这项充满了政治意味的任务,注定是一项有去无回只有单程票的太空任务。

仓促上马的"斯普特尼克二号"卫星的空间没有时间改进和优化,只是为小狗设计了一个64厘米宽、80厘米长的狗舱(图1-11),狭窄到小狗完全无法挪动的地步。舱内配备了用于测量环境压力和温度,以及犬类乘客的血压、呼吸频率和心跳的传感器。地面控制人员通过这些仪器监控狗在太空中的活动和生存情况。舱内还配备了通风系统和简单的生命支持系统。

在莫斯科航空医学研究所,科学家对 10 只备选狗狗航天员进行了体检,每天都要进行呼吸、心跳和体温测试,还要经常进行 X 光透视。为了考察备选狗对狭小空间限制的适应能力,研究人员开展了一次为期 20 多天的、逐步减少空间的适应训练,从普通笼子到狭小笼子,到最后完全无法动弹。图 1-12 为莱卡在模拟太空飞行环境的训练舱中进行空间适应训练。

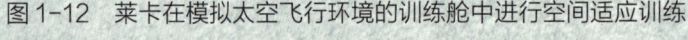

图 1-12　莱卡在模拟太空飞行环境的训练舱中进行空间适应训练

10只小狗像航天员一样接受了魔鬼训练和测试，包括模拟火箭发射加速的离心机项目，在振动台上振动，忍受极大的噪声，适应喂食器中的特殊高营养凝胶类食物，训练不去撕扯身上的传感器等。小狗还要穿上特制的航天服（图1-13），一个特殊的紧身胸衣，里面有收集尿液和固体废物的容器，还包括一个与机舱内生命支持、监控和约束系统等连接的接口。紧身胸衣上的特殊约束装置用来让狗在狗舱内站立、坐下和轻微移动。

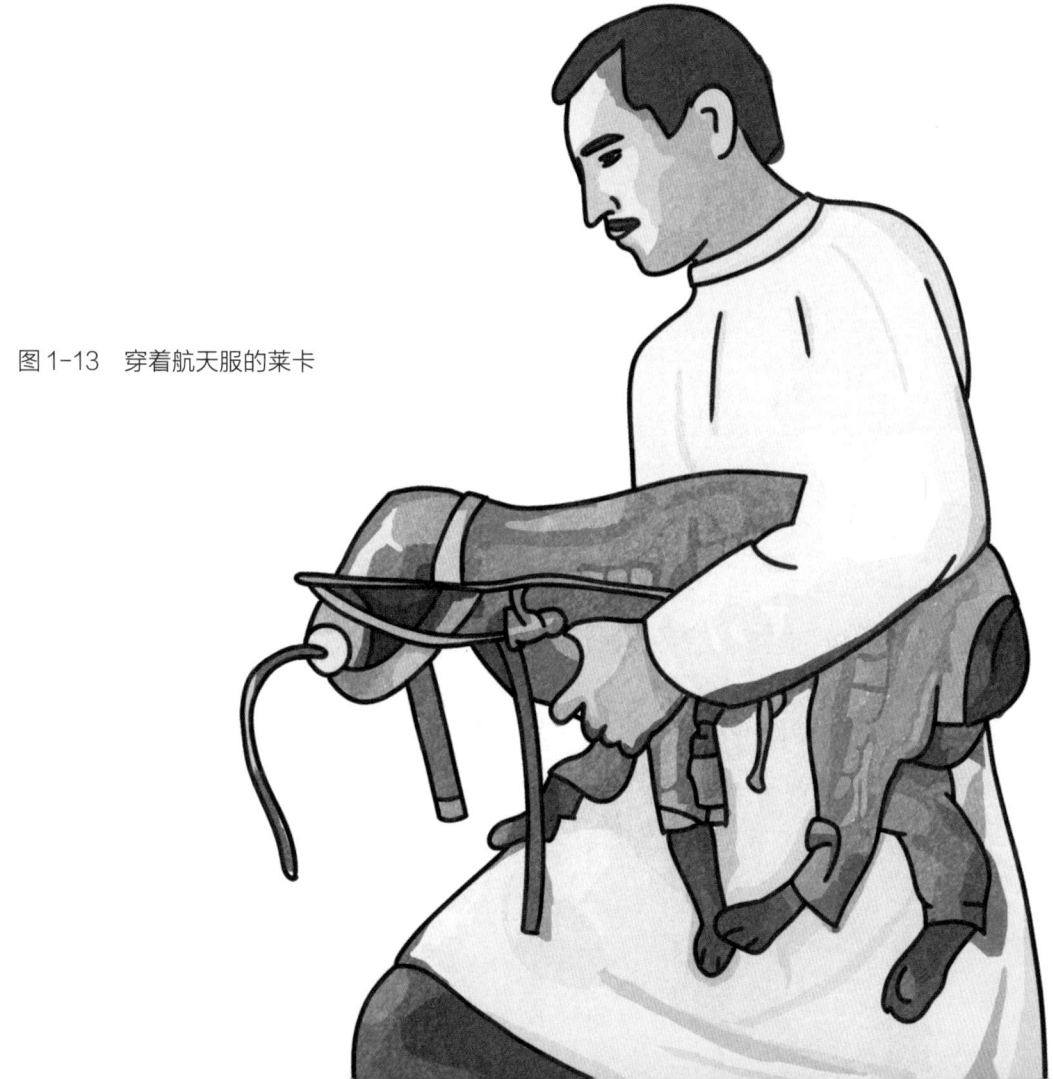

图1-13　穿着航天服的莱卡

通过一系列的训练和测试，10只候选狗被分为了三组：安静的狗、更容易兴奋的狗和呆滞的狗。第一类"安静的狗"受到科学家的青睐，因为它们表现出"强烈而平衡的高级神经活动"，最适合太空飞行。在发射前10天，科学家最终从10只狗里面选择了3只，莱卡在其中表现最为优异，出奇地安静和配合，因此被选定作为首飞，科学家们知道，莱卡执行的是一场注定有去无回的太空任务。当然，安静乖巧的莱卡也许对此还一无所知呢。

高调亮相惊天动地，黯然谢幕扑朔迷离

莱卡被选中后，在前往拜科努尔航天发射场之前，科研人员对它进行了手术，给它植入了测量呼吸、脉搏和血压的生物传感器（图1-14），便于地面人员对它在天上执行任务时的状态进行监测。

在发射前三天，即1957年10月31日，莱卡穿上特制的航天服被放置在匆匆研制出来的"斯普特尼克二号"卫星的狗舱中，奔赴它没有回头路的太空旅程。一名在最后升空前做准备工作的技术人员伤感地回忆说："在将莱卡放入狗舱后，在关闭舱口之前，我们亲吻了它的鼻子，并祝它一路顺风，因为我们知道它不会在这次飞行中幸存下来。"

图 1-14　莱卡在执行太空飞行任务前被植入生物传感器

  1957 年 11 月 3 日，莱卡搭乘苏联的第二颗人造卫星"斯普特尼克二号"成功进入了地球轨道。此次飞行收到的实验数据证实了短期太空飞行不会对包括人类在内的生物造成无法恢复的伤害。高等动物完全能适应太空飞行中严峻的环境，能够在太空环境下生存。当苏联兴奋地发布了这一令人震惊的消息后，媒体一片沸腾竞相报道，莱卡也作为搭乘卫星进入太空的第一狗而名垂青史。图 1-15 还原了莱卡在执行飞行任务前系着安全带坐在太空舱中回眸凝视的经典时刻，当时被全球各大媒体广泛使用，广为流传。这张照片上莱卡的形象还被刻在了 1964 年莫斯科建造的太空征服者纪念碑上。

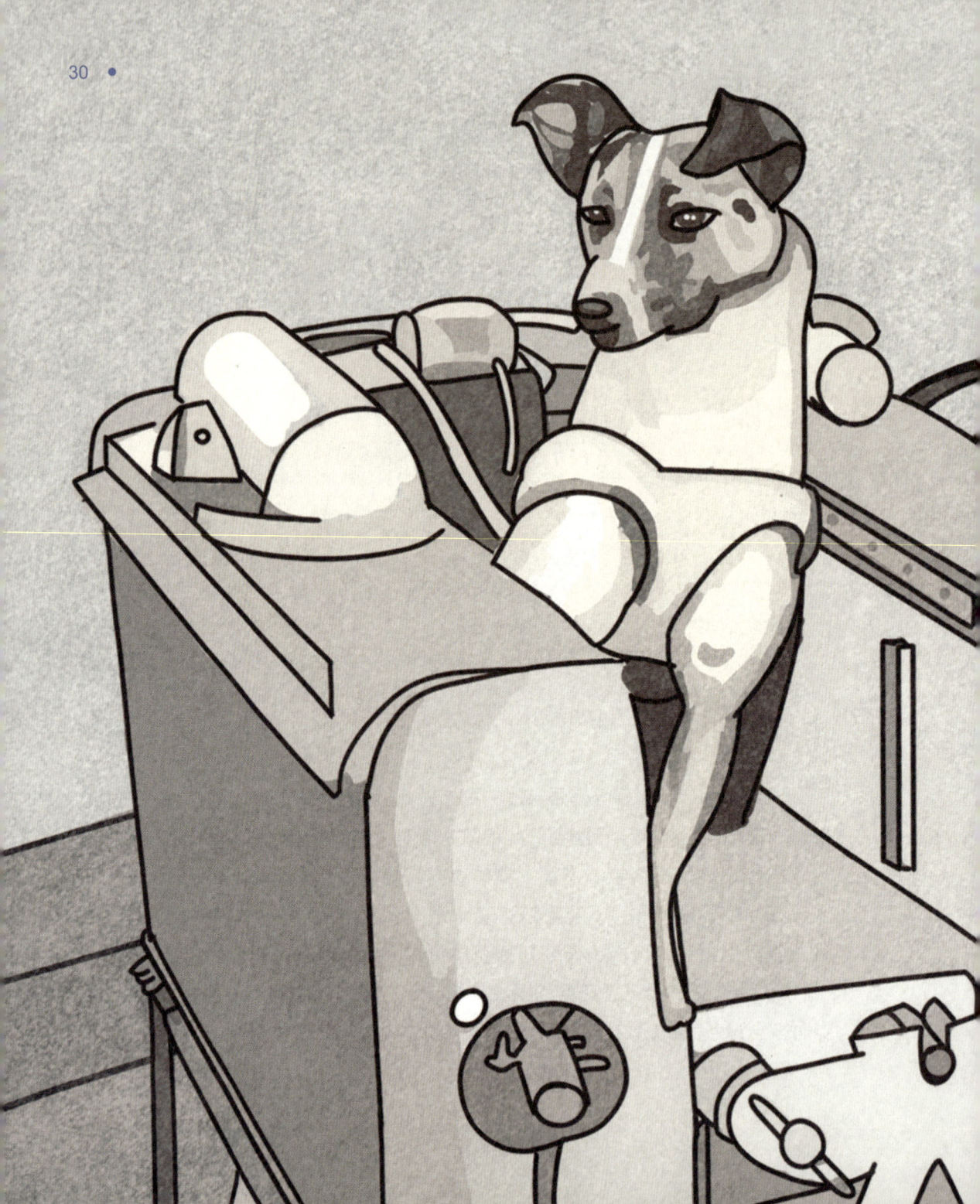

这是人类历史上第一次向地球轨道发射载有活的生物体的卫星，此前虽然苏联和美国都曾将狗和其他动物送入太空进行科学研究，但这些动物都没有进入环绕地球飞行的轨道。美国中央情报局在进行了分析研究后指出，"将动物送入太空是载人太空飞行计划的必要步骤。"莱卡的成功发射被视为苏联在美苏太空竞赛中的重大胜利，彻底夯实了其航天强国的地位。此次任务为载人航天探索，特别是苏联航天员加加林的第一次太空飞行铺平了道路，人类在太空探索之路上又向前迈进了一步。

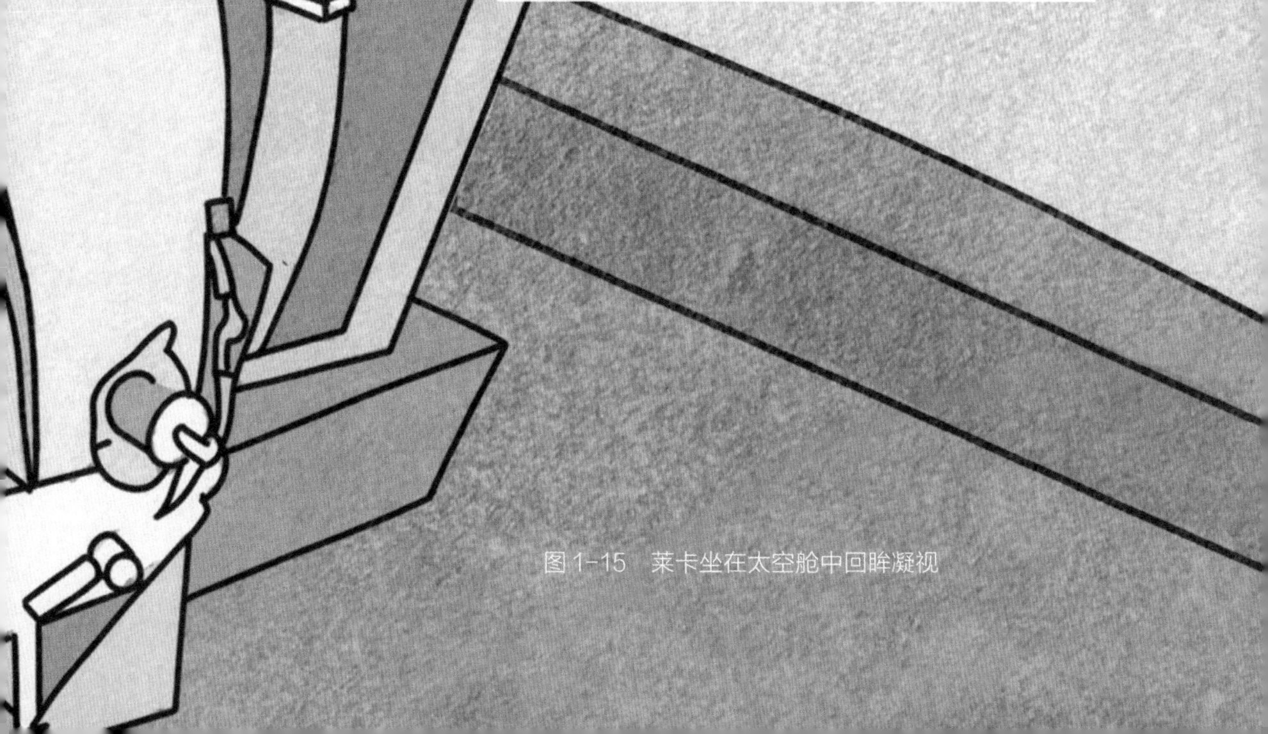

图 1-15　莱卡坐在太空舱中回眸凝视

1957年11月11日，苏联向世界宣布，莱卡在太空安然无恙地生活一周后进行了安乐死，死于提前为它准备的剧毒狗粮，让它在氧气耗尽之前无痛苦地沉沉睡去，再也不会醒来。

然而，2002年俄罗斯科学家迪米特里·马拉申科夫却在世界空间大会上披露，莱卡在起飞后几个小时内就因过热而不幸死亡。资料显示，莱卡的心率在发射前为103次/分钟，在火箭升空早期加速期间增加到240次/分钟，呼吸速度增加到发射前的三到四倍。但是坚强的莱卡挺过了最初的煎熬，到达轨道三个小时后，脉搏又恢复到102次/分钟。

然而，在太空飞行大约五到七个小时后，地面再也没有观测到任何莱卡心跳、压力或运动的迹象。据科学家判断，由于项目匆忙上马，温度控制系统未能达到预期效果，狗舱内温度和湿度逐渐升高，温度达到了40摄氏度以上，莱卡不幸死于舱内过热。

1957年11月10日，"斯普特尼克二号"卫星耗尽了电池并停止传输数据。在所有系统都死机的情况下，卫星带着莱卡继续绕地球运行，直到1958年4月14日坠入大气层并燃烧殆尽。太空第一狗莱卡就这样化作了天边刹那的火焰……

相信你还在这里,从不曾离去

尽管莱卡离开了这个世界,但人们不会忘记这个为人类航天事业而牺牲的航天小英雄。它传奇的一生引发了后人无限的灵感与追忆。世界各国发行了描绘莱卡的邮票和信封(图1-16),制作了形式多样的艺术品和雕塑。

图1-16 世界各国发行的太空狗莱卡邮票

2008年4月11日，俄罗斯在莱卡进行训练的研究所附近建造了一座小型纪念碑，塑造了站在一枚高2米的火箭上的莱卡形象（图1-17）。六十多年过去了，莱卡仍然凝视着它飞行前作准备和训练的地方，仍然是那个默默付出，安静、乖巧地完成太空任务的航天员。

图 1-17　太空狗莱卡纪念碑

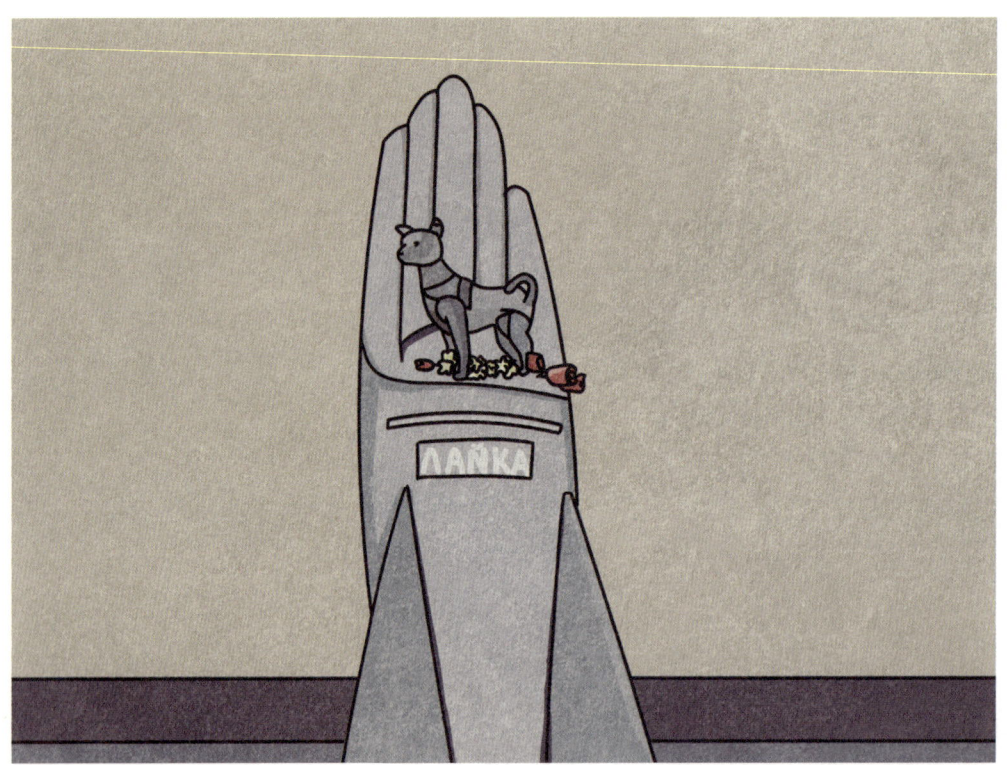

图1-18 以莱卡为原型的2019年世界大学生冬季运动会吉祥物"U-莱卡"

2019年,世界大学生冬季运动会在俄罗斯的克拉斯诺亚尔斯克市举办,在选择运动会吉祥物的公开投票中,莱卡以高票当选。吉祥物被称为"U-莱卡"(图1-18),俄罗斯北星航空公司为此设计了专门的客机涂装(图1-19),引发了大量关注。

图 1-19　俄罗斯北星航空公司"U-莱卡"客机涂装

以莱卡作为素材的文艺作品，包括小说、电影、动画和游戏等，至今仍盛行不衰。莱卡也为很多音乐人提供了灵感，芝加哥摇滚乐队 Kill Hannah 创作了一首名为"莱卡"的歌曲，歌中唱道："离家太远，我知道你的孤独／莱卡，我以你为傲／莱卡，你什么时候回家？请快些回家吧……"莫斯科乐队 Powder! Go Away 发行了一张纪念莱卡的专辑，也是他们的成名专辑，名字叫做《莱卡还想回家》。

图 1-20　莫斯科乐队 Powder! Go Away 发行的《莱卡还想回家》专辑

莱卡还想回家，其实，莱卡从不曾离去。它为人类航天事业留下的耀眼瞬间，永远不会被忘记。就像这首歌唱的一样：

是这耀眼的瞬间，

是划过天边的刹那火焰，

一路春光啊，

一路荆棘呀，

惊鸿一般短暂，

如夏花一样绚烂。

水熊虫"平步青云"上了天,怎么成了最悲催的太空游?

2007年9月14日,承载着欧洲空间局一项实验活动的俄罗斯"光子-M3"返回式卫星(图1-21)成功发射,一群水熊虫乘坐"VIP舱"在离地球表面大约260～280千米的轨道上绕着地球飞行,于9月26日安全返回地球,结束了12天的"观光旅游"。然而,这场平步青云、天上开挂的太空之旅却被媒体形容为"世界上最悲催的太空游",这究竟是怎么回事?

图1-21 俄罗斯"光子-M3"返回式卫星于2007年9月在太空飞行了12天

41

图 1-22 发射前科学家在"光子-M3"返回舱外面安装生物实验舱

天上"开挂"为哪般？极端环境做实验

答案很简单，天上"开挂"就是字面意思，在天上打开、挂着！这群水熊虫乘坐的"VIP 舱"是挂在"光子-M3"返回舱外面的生物实验舱，发射的过程中像图 1-22 一样处于关闭状态，在轨道上运行时生物实验舱的舱门打开，保持完全敞开的状态，直到 9 月 24 日返回地球前两天再次关闭。

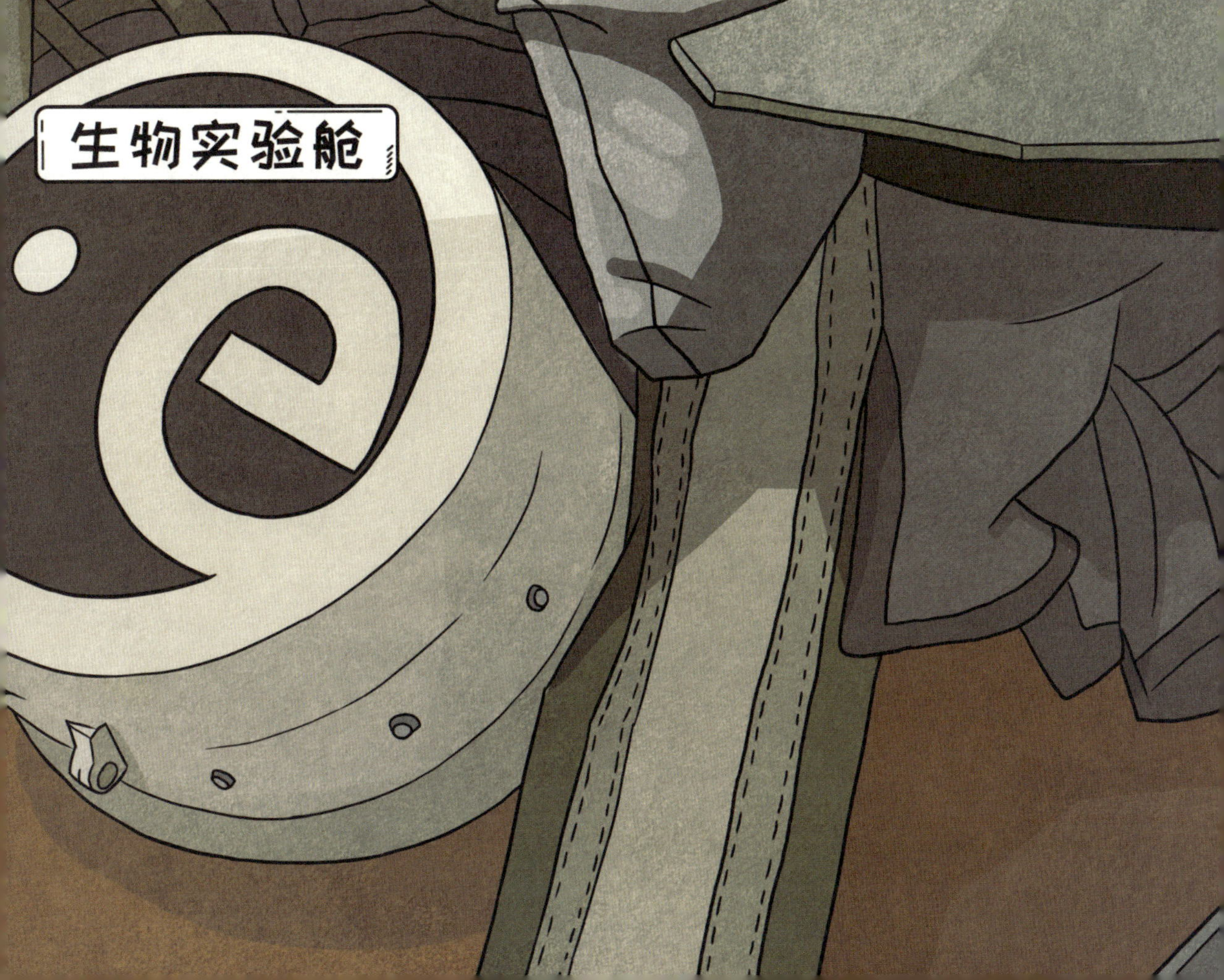

也就是说,水熊虫在天上"开挂"(图 1-23)了整整 10 天,置身于太空极端恶劣的环境中,在微重力状态下没吃没喝,暴露在真空中没有空气可以呼吸,太空高速带电粒子流无休止地扑面而来,飞速而过,还要忍受高出地球 1000 多倍的紫外线辐射,可谓"叫天天不应,叫地地不灵",怎一个惨字了得!

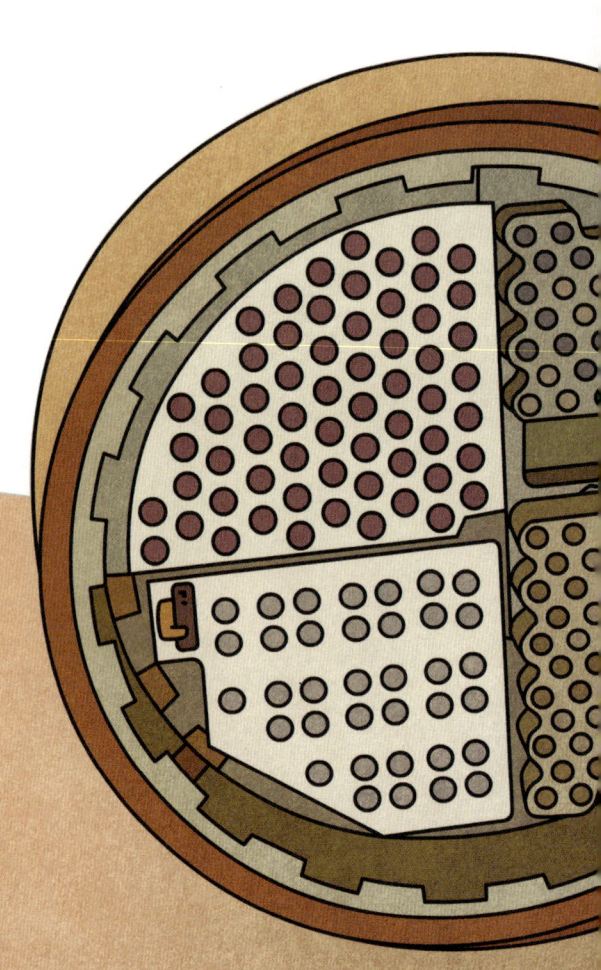

图 1-23 生物实验舱在太空运行时一直保持这样打开的状态

45

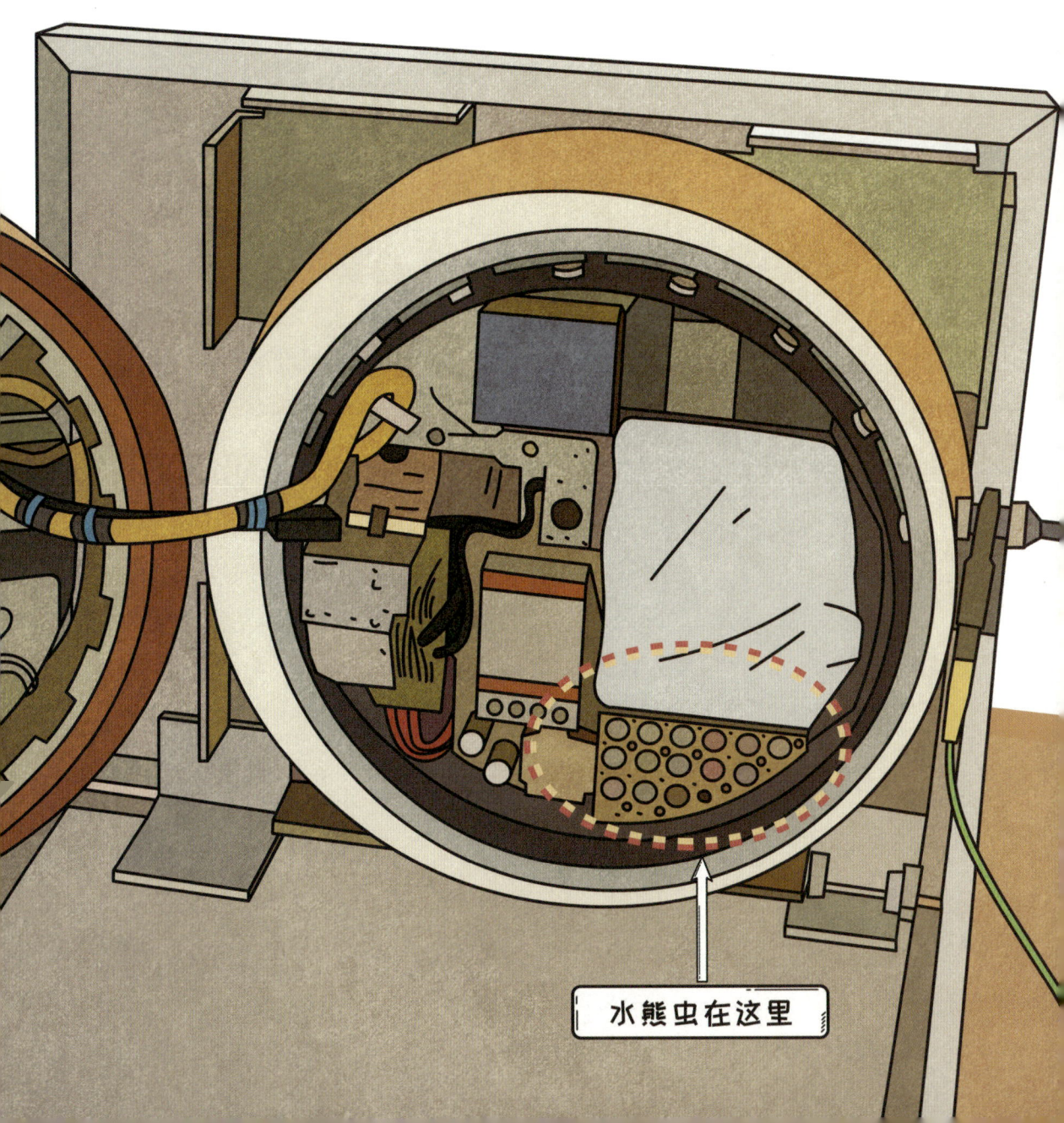

水熊虫在这里

生存能力超强悍，勇闯太空鬼门关

哈佛大学和牛津大学科学家曾在研究报告里指出，如果发生天体物理事件，如小行星撞击地球引起的全球生物大规模灭绝事件，人类可能消失，水熊虫却能够幸存下来，被媒体戏称为"太阳不爆炸，水熊虫不会挂"。由于能够脱去几乎所有的身体水分，以"假死"的形式存活很多年，并在有水时迅速恢复生机，而且对极端温度、致命辐射、有毒化学物质等都有惊人的抗打击能力，水熊虫倍受科学家的青睐。

因此，在这场人类首次在太空开放条件下对动物进行生存测试的实验中，欧洲空间局选择了两种水熊虫作为特殊乘客（图1-24）。水熊虫在干燥脱水后被送入离地球260～280千米的轨道，来自瑞典和德国的科学家通过10天的太空暴露实验，观察水熊虫是否能在太空环境中生存和繁殖，了解水熊虫在极端压力环境中生存的具体方式。

经历了10天严酷考验后，水熊虫回到了地球，被科学家回收并用矿泉水补充水分，每天记录存活率和繁殖力。就像电影电视里那些开了挂，拥有主角光环永远不死的主角一样，许多水熊虫不仅在补水后存活，还产下了健康的太空水熊虫宝宝！科学家们开心地宣布，水熊虫是已知的第一种暴露于太空环境中能够存活下来的动物！

图 1-24　太空暴露实验中两种水熊虫显微镜照片

研究发现，微重力、真空和宇宙辐射对水熊虫的生存和繁殖没有显著影响。这意味着水熊虫可以保护它们的 DNA 不受太空极端环境影响，或者它们能够以某种方式修复出现的损害。但是，紫外线辐射可能会对水熊虫的生存和繁殖造成严重的影响。

天上做个"日光浴"，
竟然发现了太空生存的杀手之一？

在太空环境下，紫外线辐射强度高出地球 1000 多倍，会破坏细胞的遗传物质，对生物组织造成严重损伤，对绝大多数生物而言是致命的。对生存力逆天的水熊虫来说，微重力、真空和宇宙辐射都不算事儿，那么紫外线辐射会不会有事呢？

水熊虫在天上"开挂"时住在一个扇形的小房子里（图 1-23），里面有 14 个圆柱形的房间。在相同的微重力、真空环境和宇宙射线辐射条件下，水熊虫按接受"日光浴"的不同种类分成了三组，如图 1-25 所示：

·第一组：睡在房间的"下铺"，无紫外线辐射；

·第二组：睡在房间的"上铺"，有紫外线 UVA&UVB（波长 280～400 纳米）辐射；

·第三组：睡在房间的"上铺"，有全波段紫外线 UVALL（波长 116～400 纳米）辐射。

图 1-25　生物实验舱内的水熊虫实验模块

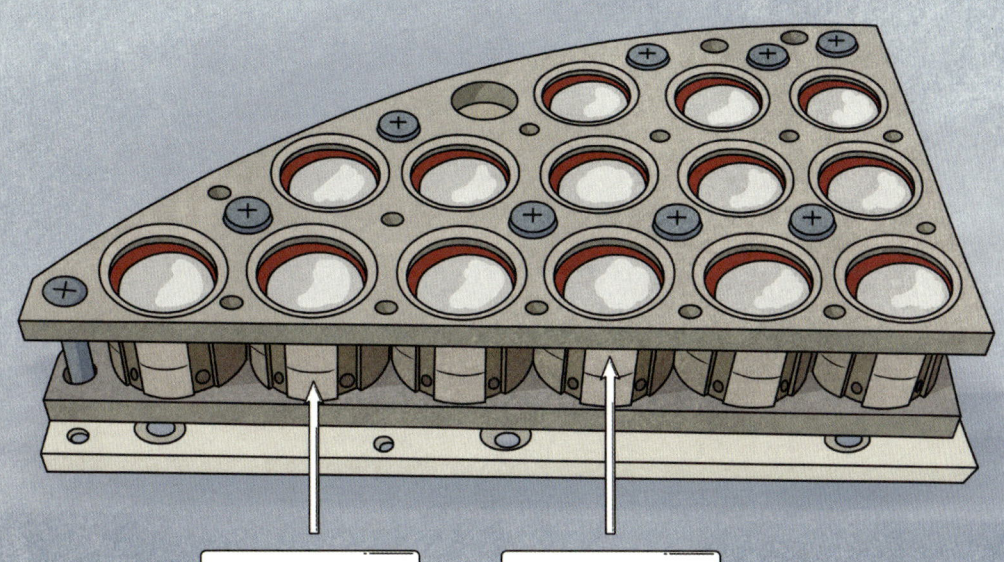

底层的水熊虫
第一组：无紫外线辐射

上层的水熊虫
第二组：UVA & UVB
第三组：UVALL

与地面对照组相比，第一组无紫外线辐射的样本生存和繁殖没有显著差异；第二组暴露于 UVA&UVB 的样本中，68% 的水熊虫在补水 30 分钟后完全恢复，尽管几天后的存活率骤降至 10%～15%，但其中许多水熊虫成功产卵；第三组暴露于最危及生命的 UVALL 的样本中，只有三个水熊虫幸存下来，有一些醒来并试图恢复形状，但没有成功，在几天后死亡。

这一研究结果表明，在太空暴露于太阳辐射下对生存有非常强烈的负面影响。太空超强的紫外线辐射是太空生存的杀手之一。防晒做不好，再强悍的生物也会小命不保。如果通过研究能找到帮助细胞抵御紫外线辐射影响的方法，包括人类在内的生物体就能在太空中更健康地生活更长时间。

科学家希望通过太空暴露实验，确定与水熊虫生存和适应恶劣环境能力有关的基因，了解它们卓越的 DNA 快速修复机制，从而更好地指导包括人类在内的各种生物体，在长期太空旅行中不受太空极端环境的损害，也可以为许多疾病（包括癌症和衰老等）的 DNA 修复提供线索。

从长远来看，对未来探索宇宙活动，可进一步提高人类在地外生存可居住性的认知。同时，揭示水熊虫在太空生存的原因，还有助于发现生物材料（如食品和药品）在极端温度、辐射暴露环境下保质的方法，这对于长期深空探索任务意义重大。

 小知识

杀不死、偷基因、长命百岁？你对水熊虫是不是有些误会？

　　水熊虫被称为"地表最强生物"，关于它的江湖传说数不胜数。下面就让我们来看一看，人类对它都有哪些误会！

和熊没关系，个头还很迷你？

　　水熊虫可不是熊的亲戚，和熊没什么关系。它是一个庞大的群体"缓步动物门"生物的俗称，是一种多细胞的无脊椎动物，大约有1300种已知物种。这种生物经常出现在苔藓和地衣中，它粗壮的身体像一个胖乎乎的小熊软糖（图1-26），加上八条蠕动的小胖腿，走起路来也像熊一样憨态可掬，这个水里的"小熊"就被取名为"水熊虫"啦！

图1-26 在一块苔藓上的水熊虫彩色电子显微镜图片

看照片是不是以为水熊虫是个庞然大物？别误会，这是在显微镜下放大了好多倍的样子。其实，大多数水熊虫的长度只有 0.3～0.5 毫米，最大的成虫体长也不过 1.5 毫米，是超级迷你的小可爱。哈佛大学的科学家们在一块 1600 万年前的琥珀中（图 1-27）发现了一只水熊虫化石（图中红框里的小白点，左下角为其显微镜放大照片）。这块琥珀里还有三只蚂蚁、一只甲虫和一朵花，从大小对比就知道水熊虫是多么迷你了。这只水熊虫的身长是 0.56 毫米，矮胖的身体还没有铅笔尖大呢。

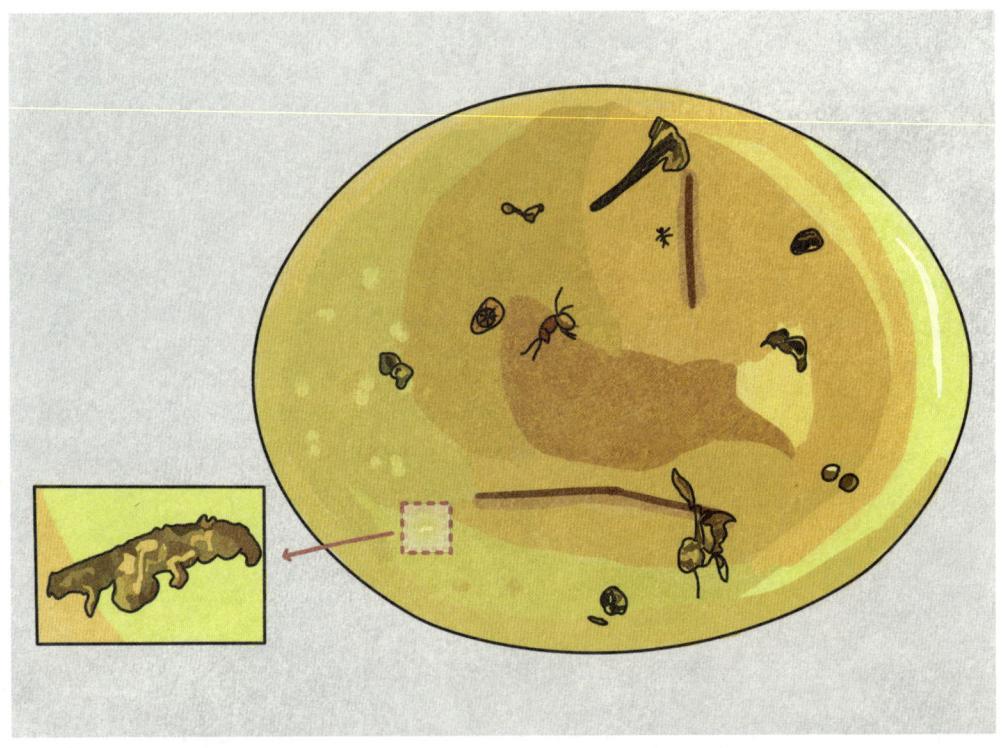

图 1-27　琥珀里的水熊虫化石（左下红框处）及其显微镜照片

水熊虫杀不死？夸大其词了不是？

作为地表生存力最强的生物，水熊虫以超级强悍的生存能力名扬四海，关于它"杀不死"的江湖传说就有一箩筐，到底是名副其实，还是夸大其词？让我们来看看三个广泛流传的传说吧。

传说一：上得了太空下得了深海，能在太空和海洋深处生存

没错。看了前面的故事你就知道，水熊虫暴露于太空环境中能够存活。同样，从喜马拉雅山6000米处，到深海4000米处都发现了水熊虫的身影。水熊虫扛得住高压，可以在从真空到6000个大气压的环境下存活，而6000个大气压相当于地球上最深处马里亚纳海沟（11000米深）压力的5倍多。

传说二：钻得了冰窟进得了火海，在零下270摄氏度到零上150摄氏度的温度范围内镇定自若

言过其实。水熊虫对极端温度的抵抗力确实很强，它们可以在零下270摄氏度的极冷温度或零上150摄氏度的极热温度下存活。但是，研究表明，一般只能存活几分钟，目前最长记录为15分钟；一些栖息在北极土壤中的水熊虫在零下80摄氏度的环境下可以存活6年之久。

传说三：泡得了酒精，顶得住毒药，放进有毒的化学溶液里也死不了

夸大其词。水熊虫虽然能够在乙醚、乙醇（即酒精）等化学溶液里存活，但仅能坚持大约 10 分钟。

不管传说是真是假，水熊虫确实能够在几乎会杀死任何其他动物的极端环境中生存。不过它没有毒素等保卫自身的武器，几乎没有战斗力，可以被线虫、蜘蛛等昆虫轻易捕食。水熊虫抗击物理损伤的能力也很普通，小小的刺穿、剪切、碾压等动作就会让它一命呜呼。

水熊虫杀不死？踩一脚试试……

独门绝技是"装死"？还真不是装的！

在刘慈欣的科幻小说《三体》里，三体人拥有自动"脱水"的能力，可以将自己变成人形软皮折叠起来，放入水中浸泡即可恢复原状。水熊虫超强生存能力的主要原因就是它拥有类似三体人"脱水"的一个独门绝技——隐生。

隐生的意思是"隐藏的生命"，当遇到恶劣环境（如缺水、缺氧、低温等）时，水熊虫会降低新陈代谢，进入"假死"状态。它脱去身体里绝大部分的水，使水分含量降低到 1%～3%，像乌龟一样把头和腿完全缩进身体里，蜷缩成一个进入假死状态的球，称为"tun"（德语中的意思是"用来储存葡萄酒的桶"），看起来就像一个干巴巴、皱巴巴的核桃（图 1-28）。

图1-28 水熊虫从正常状态（上）到"tun"状态（下）示意

水熊虫可不是在"装死",它的新陈代谢活动降至正常水平的0.01%左右,几乎接近"真死"了。在这种状态下,水熊虫仍能保护它的DNA,能够抵抗干燥、高温、冷冻、辐射或不同种类的化学物质,可以存活数十年,甚至更长时间。当环境恢复时,水熊虫皱巴巴的身体会像海绵一样膨胀起来,头和腿也会从身体里伸出来,在几个小时内恢复到正常的新陈代谢状态。

基因神偷?水熊虫说这个锅我不背!

2015年,美国一篇关于水熊虫基因的研究报告引发了轰动。报告宣称,水熊虫的基因组里有超过六分之一(17.5%)的基因不是自己的,而是来自以细菌为代表的其他生物。也就是说,水熊虫是个基因神偷,能够在各种生存环境中取长补短,将其他生物的基因转移过来为自己所用,打造出适应极端环境的超强能力。这一惊人的发现让诸多学者奔走相告,众多媒体和学术网站纷纷报道,在科幻影视作品《星际迷航》中还与时俱进地上演了水熊虫偷取基因的桥段。

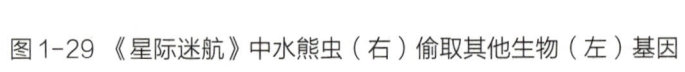
图1-29 《星际迷航》中水熊虫(右)偷取其他生物(左)基因

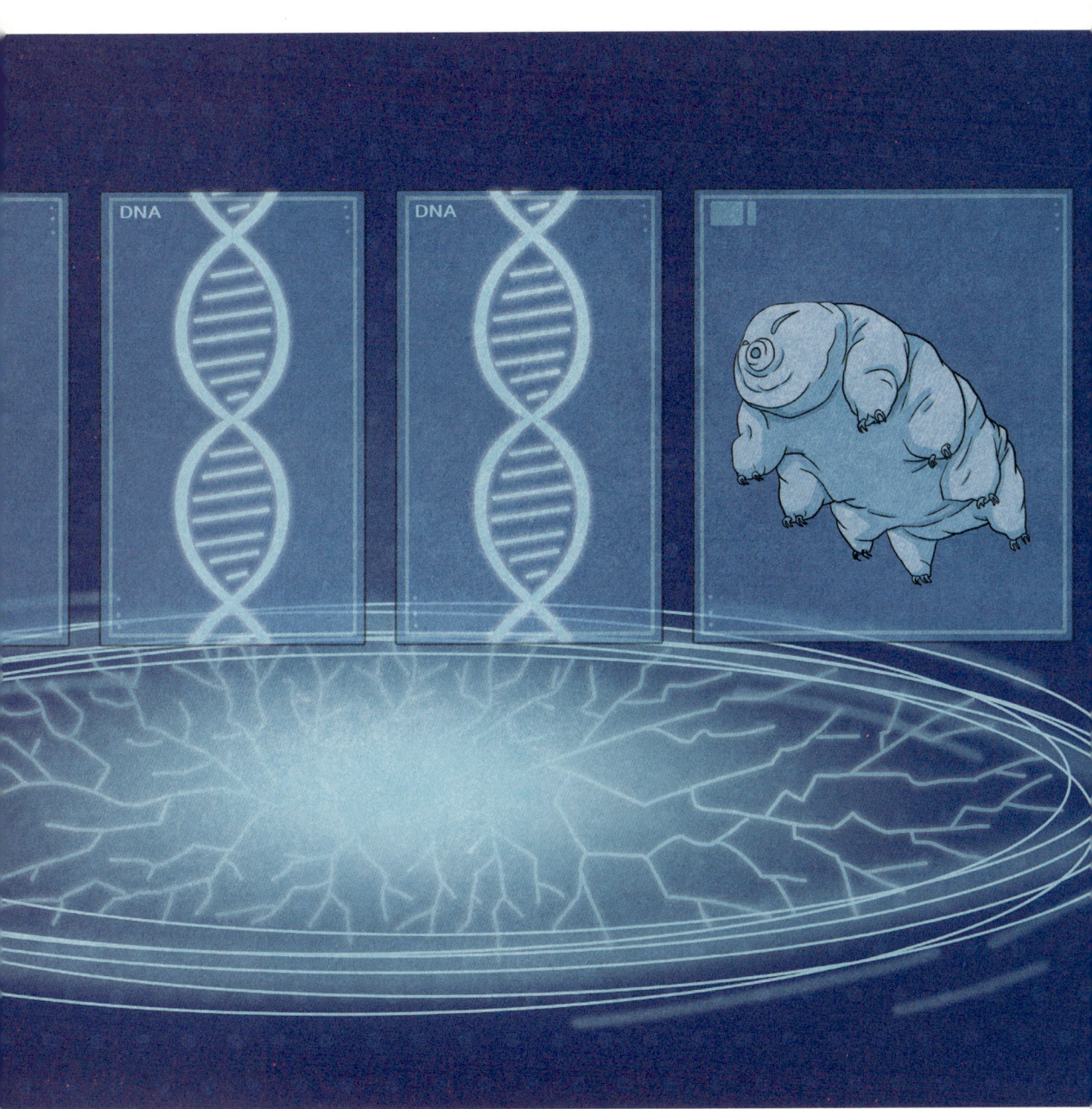

在铺天盖地的报道中也不乏质疑的声音,先后有五支基因研究团队分别分析了这份报告的原始数据,并同自己实验室的结果进行比较,得出了完全不同的结论。来自世界不同国家地区的学者们也展开了激烈的讨论。2017年,科学家们终于达成共识,2015年发布的水熊虫基因组含有17.5%其他生物基因的结论不正确,是由于该基因组遭到了细菌的污染而导致的乌龙事件,水熊虫偷基因的说法在学术界完全站不住脚。至此,水熊虫终于摘掉了"基因神偷"的黑锅,都是细菌惹的祸!

长命百岁?纯属误会!

关于水熊虫千年不死的说法似乎深入人心,各种相关报道层出不穷。有的报道说水熊虫耐得住千年寂寞,在2000年前的冰层中被发现后仍然能够满血复活。也有报道说在一片干涸了120年的苔藓上的水熊虫,补水后立刻生龙活虎。那么,水熊虫真的如传闻所说,能长命百岁吗?

其实,一只正常状态下生活的水熊虫,自然寿命大约只有2~4个月,少数种类的寿命可能长达2年到2年半。人们之所以误会水熊虫有"不死之身",能长命百岁,是因为在极端条件下水熊虫进入隐生状态,可以延长寿命。然而,水熊虫在隐生状态下存活百年或千年的案例并未得到证实。目前的研究表明,在自然条件下,水熊虫在隐生状态下可存活9~20年,在实验室条件下最高可存活30年。

地上遛狗，天上遛蚕？
蚕宝宝太空吐丝"火出圈"！

  2016年10月20日，一段航天员景海鹏在天宫二号空间实验室里遛蚕的视频红遍网络。在视频里，景海鹏在指尖逗弄着一只白白胖胖的蚕宝宝（图1-30），玩起了游戏。网友们纷纷表示被蚕宝宝翩翩起舞的妖娆身姿萌翻了，太空蚕宝宝迅速刷屏火出圈，成了家喻户晓的明星。

蚕宝宝为什么会上天？在天上都做些什么呢？蚕宝宝明星是如何养成的？下面就让我们一起来看看太空蚕宝宝的星路历程吧。

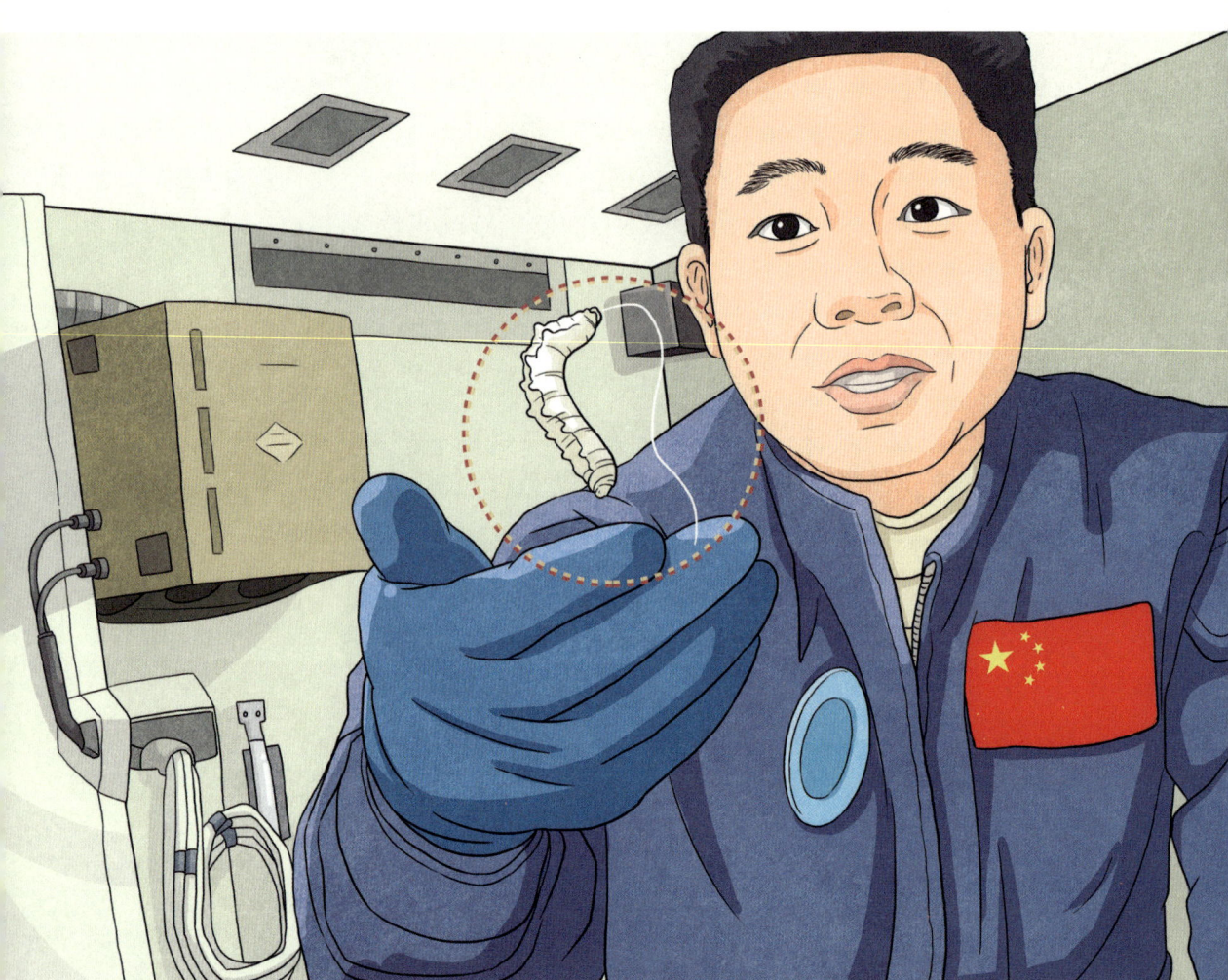

图 1-30　航天员景海鹏在天宫二号空间实验室中遛蚕

机会降临：蝴蝶 PK 蚕，蚕胜出

2014 年 10 月，中国载人航天工程办公室和香港民政事务局启动了"香港中学生太空搭载实验方案设计比赛"，获奖方案将有机会在天宫二号空间实验室进行实验示范。四个来自香港宣基中学的小姑娘对太空饲养生物非常好奇，组成了一个团队开始构思实验计划。

最初，她们的设想是观察蝴蝶幼虫在太空微重力环境下是否还能够吐丝，但是老师建议她们说，这是香港中学生首次有机会参与国家航天实验，希望能用和中华文明有关的生物。在老师的启发下，她们想到，中国以"丝绸之国"著称于世，蚕文化是中国传统文化最有特色的组成部分之一，同时，蚕丝与应用于航天服的蛛丝接近，或许可以成为蛛丝的替代品。考虑到这些因素，四个小姑娘最终决定用蚕作为实验对象，提出了太空养蚕的实验方案，希望观察蚕在太空微重力状态下是否能吐丝结茧，以及吐丝行为是否有变化。

这项设计方案在香港 286 名中学生提交的 70 份参赛作品中获得亚军,被选中与神舟十一号飞船一同升空,由航天员带到天宫二号空间实验室进行实验示范。至此,蚕宝宝的星路旅途拉开了序幕。

图 1-31 太空养蚕实验设计者:香港的四名同学

参加海选：优中选优千里挑一，竟然还要考翻过来翻过去？

想当上太空蚕宝宝可没那么容易，必须经过严格选拔。科学家选择了"秋丰白玉"作为种子选手。听听这文艺范儿的名字，自带明星光环！"秋丰白玉"是我国自己培育的改良桑蚕种，外形洁白圆润，体格强健，能够经受住严苛环境，病害也比较容易控制。它好养、高产，结茧时茧型比较匀整，茧丝比较长，丝质韧性是其他蚕种的 8 倍，丝质净度达到 93 分以上，是目前蚕种中十分优质的稀有品种。

选好了优质品种，还得优中选优。太空蚕宝宝的海选在 4 批共约 4000 只蚕中进行。图 1-32 是科学家在实验室挑选太空蚕宝宝。首先是体检关，要化验蚕的粪便检验它是否健康；第二关是颜值，看蚕身的白净度与色泽，颜色更白的入选；第三关是身材，检查蚕的体型长度与围度，体型更大更健壮的入选。不要以为身体健康、貌美如花、玉树临风就能选中，海选还要考察蚕宝宝对环境的适应性，比如模拟失重环境，将蚕宝宝翻转过去之后，观察它们翻回来的反应，从而判断蚕宝宝是否敏捷。

图 1-32　科学家在实验室进行太空蚕宝宝海选

经过一轮又一轮严苛的筛选，6 位蚕宝宝可谓千里挑一，从 4000 余只海选选手中脱颖而出，获得了去太空旅行的资格（图 1-33）。

图 1-33 入选的 6 只太空蚕宝宝

图 1-34 装有太空蚕宝宝的软包及六个专属胶囊屋

初次亮相：住别墅、披棉袍，大腕身边跑龙套

2016 年 10 月 17 日，6 只蚕宝宝搭乘神舟十一号载人飞船升空，前往离地面大约 400 千米的天宫二号空间实验室，太空蚕宝宝"天团"组合闪亮登场了！

为了保证蚕宝宝在飞船发射、返回过程中安然无恙，蚕宝宝是住在有防震功能的软包"别墅"里的，而且每一个蚕宝宝都有自己的专属"胶囊屋"（图 1-34）。胶囊屋和人的巴掌差不多大，两端各有一个用航天专用铝合金打造的半球形的盖子，中间部分是特殊的透明有机玻璃，方便航天员随时观察蚕宝宝。小屋上方留了足够的透气孔，保证空气流通。

在飞船发射、返回过程中，蚕宝宝还会披上一种用"航天用聚氨酯海绵"特制的"棉袍"（图1-35）。再大的冲击和震动都会被这件"棉袍"吸收，相当于穿上了航天服，蚕宝宝娇嫩的身体就不会受伤啦。

图1-35 太空蚕宝宝的特制"棉袍"

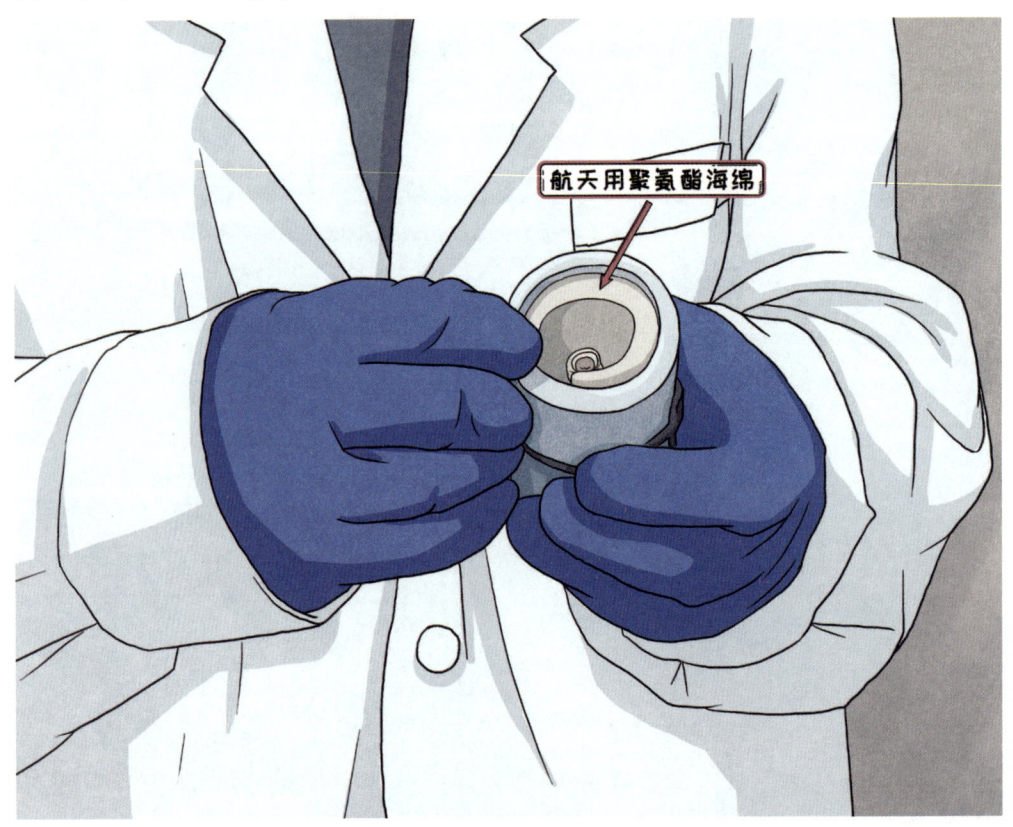

图 1-36　神舟十一号飞船发射时装蚕宝宝的软包放置于航天员身边

作为"新人",太空蚕宝宝的初次亮相就是和航天员一起肩并肩上天(图 1-36),虽然没能露脸,只是躺在景海鹏、陈冬两位大腕身边跑了个龙套,也算是"躺赢"在起跑线上了!

"C 位"出道：喂饭靠扭，放风靠遛，铲屎靠抽，这都能冲上热搜！

太空蚕宝宝的成名之路可谓顺风顺水，刚一完成跑龙套的太空之旅，进入天宫二号之后就走上了明星生涯的巅峰。两位航天员进入天宫二号的第一件事就是去查看太空蚕宝宝的状态，打开胶囊屋的盖子，给蚕宝宝脱掉海绵"航天服"后，发现六只白白胖胖的蚕宝宝都毫发无伤。有意思的是，其中一只蚕宝宝已经吐出了第一根丝，粘在了景海鹏的手套上，他顺势拉着蚕丝，把这只蚕从小屋引出来，带着它在空中玩耍。这只蚕宝宝一直想往景海鹏手上爬，但它只要一碰到景海鹏的手，就会被弹开，吸附不上去。景海鹏天上遛蚕的视频，让太空蚕宝宝一炮而红，圈粉无数，太空蚕宝宝"C 位"出道了！

由于本身自带话题，又有大腕"保姆"航天员景海鹏和陈冬站台，负责给蚕宝宝投喂、放风和铲屎，太空蚕宝宝这种"喂饭靠扭，放风靠遛，铲屎靠抽"的日常生活吸引了无数观众，随随便便就能冲上热搜。

图 1-37 太空蚕宝宝采食人工饲料

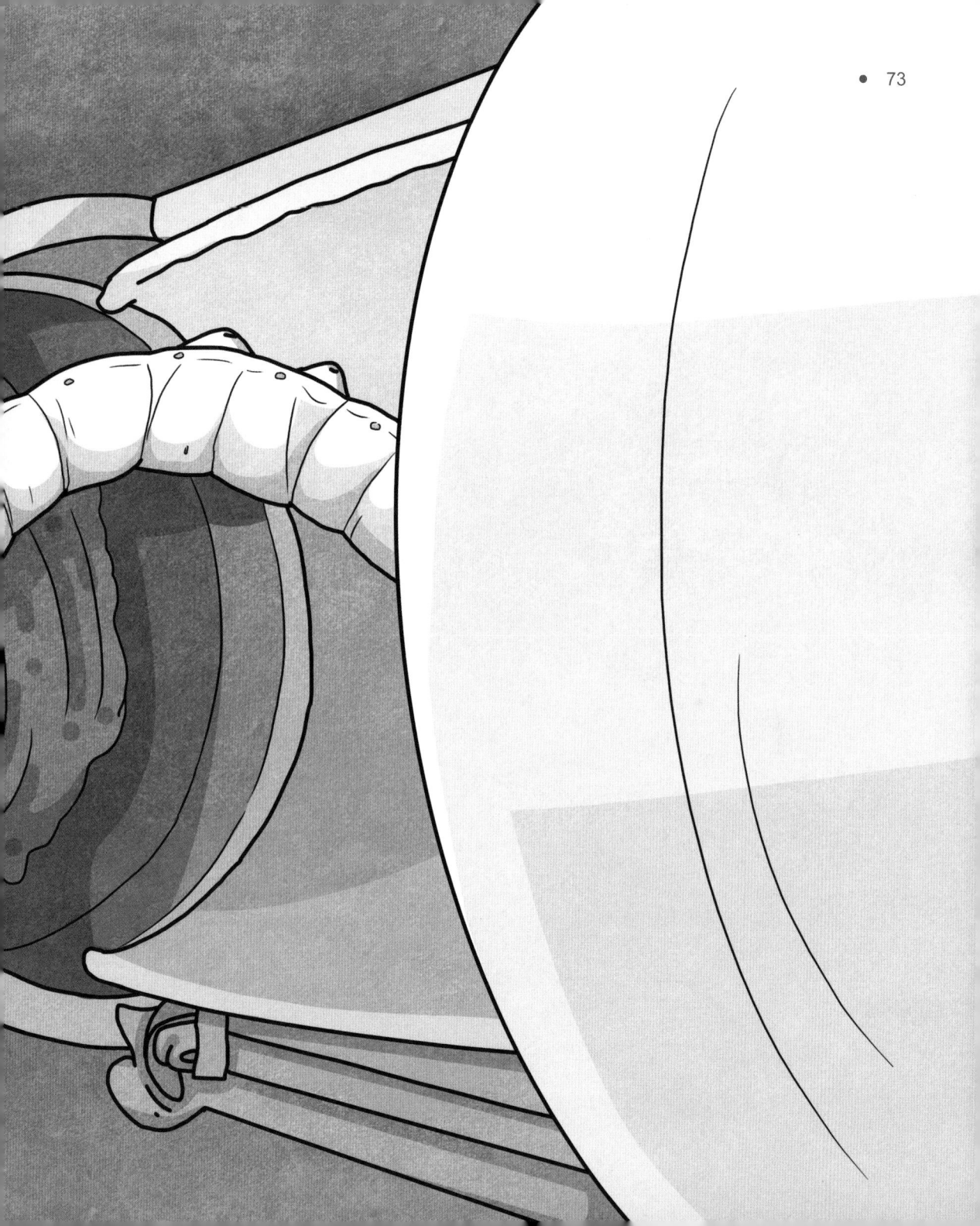

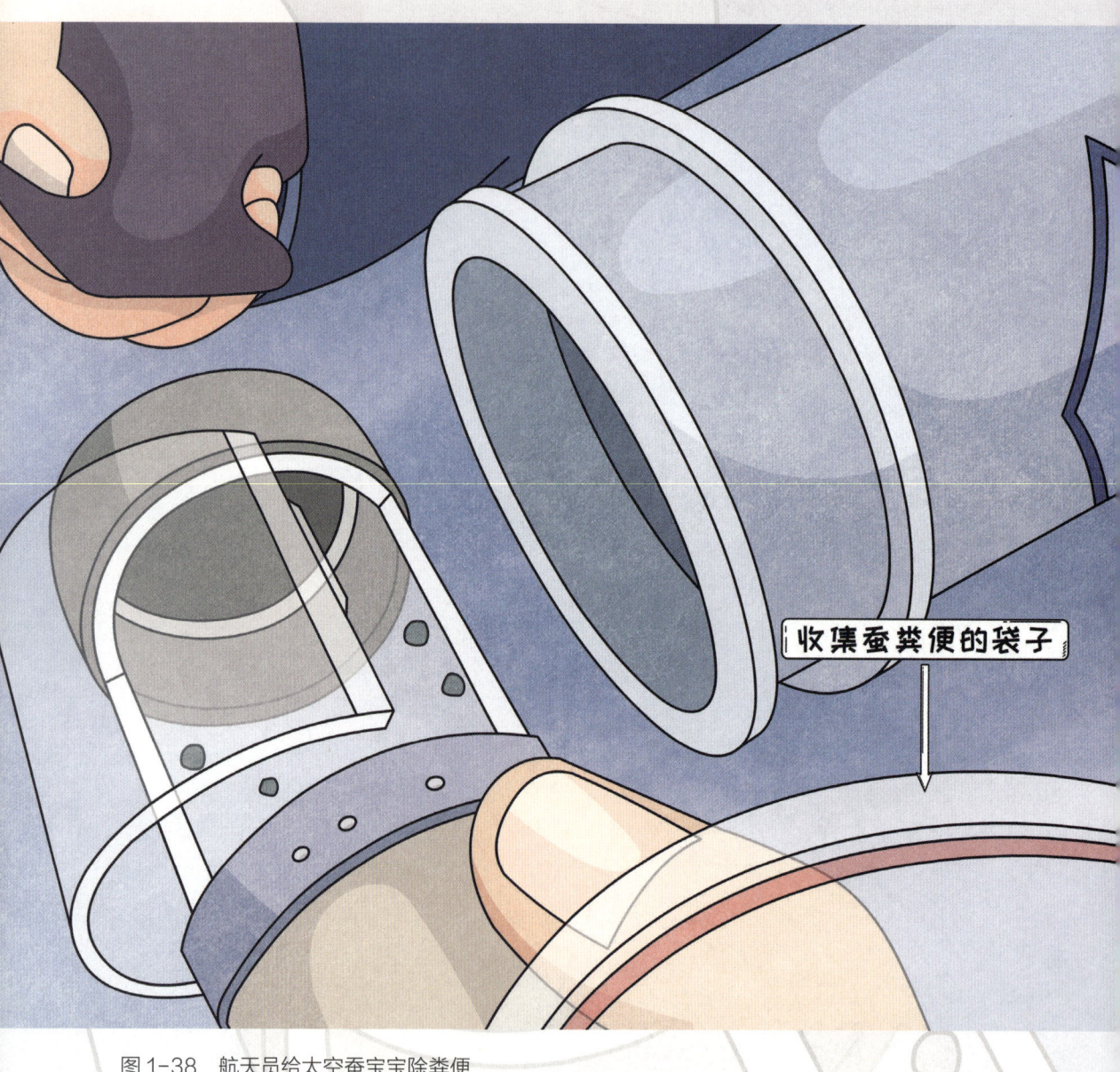

图1-38 航天员给太空蚕宝宝除粪便

在地面的时候蚕是吃桑叶的，但桑叶大约一天就会变干，在太空很难保持桑叶新鲜，蚕如果吃干桑叶很快就会因缺水而死亡。科学家们为蚕宝宝准备了"菜泥"——无论是口味还是营养价值都可以与桑叶媲美的人工饲料。胶囊屋两端那两个半球形的盖子就是蚕宝宝的餐厅，里面装满了菜泥。两个盖子和我们地球上常见的瓶盖的螺丝结构一样，航天员投喂蚕的时候只需要扭一扭，就可以方便地扭开旧"瓶盖"，换上装满菜泥的新"瓶盖"，一次够蚕宝宝吃4天。

蚕是个小吃货，每天除了睡觉剩下的时间全在吃。作为明星，不进行身材管理怎么行，每天吃饱了当然要运动起来。航天员会在固定时间给蚕宝宝放风，把它们"请出家门"，在太空中遛一遛，体验一下飞翔的感觉。平常呆在胶囊屋的时候，蚕宝宝们可是四平八稳的，不会飘来飘去。这是因为科学家们对胶囊屋的内壁做了粗磨砂处理，粘上了一种特殊的无纺织布，能够固定住蚕宝宝，防止蚕宝宝在微重力环境下飘来浮去，晕头转向找不到食物。这种无纺织布还能够吸收液体，有一定的清洁功能，让蚕宝宝的小屋始终保持干爽。

除了充当饲养员、遛蚕师之外，航天员还得变身太空铲屎官，定期为蚕宝宝除便。如果不及时清理蚕的粪便，蚕很快就会死亡，凶手就是粪便中的真菌。在太空，蚕宝宝粪便是悬在空中的（图1-38），在胶囊屋的下方预留了清洁孔，航天员可以方便地用抽气泵把蚕粪抽吸掉。

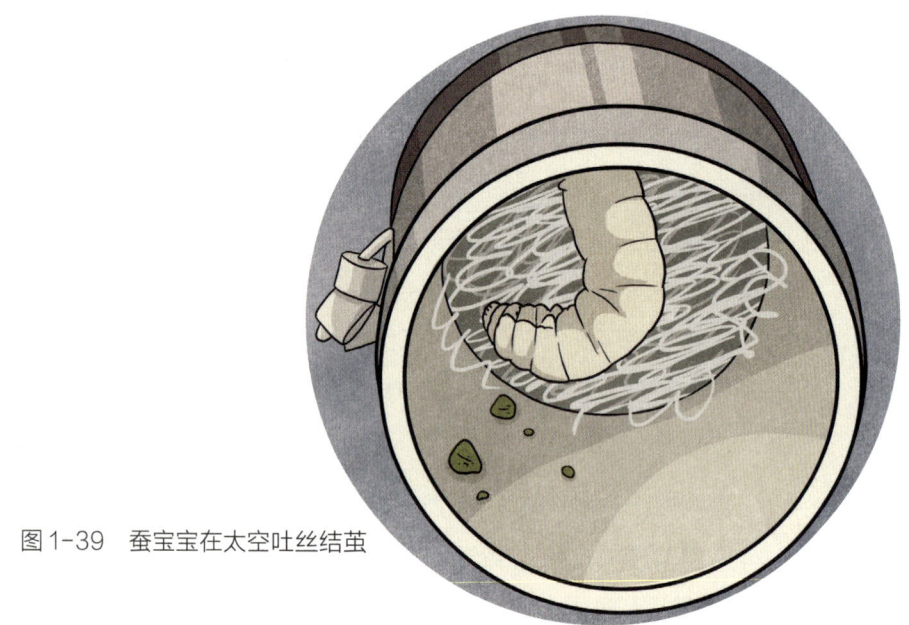

图 1-39 蚕宝宝在太空吐丝结茧

表现亮眼：太空成功吐丝结茧，完美谢幕意义非凡

在设计太空养蚕实验时，有一种推测是蚕在太空中无法适应重力变化，可能导致吐丝过程出现错误，不会像地球上生活的蚕一样吐丝成茧，可能发生与地球上不同的变异。不过，六位千里挑一的"秋丰白玉"蚕宝宝表现亮眼，有五只成功地在太空吐丝结茧，航天员景海鹏在蚕茧旁边幽默地诠释什么叫"作茧自缚"（图 1-39）。太空蚕宝宝结茧的速度比想象中的还要快，原本在地球上需要八天，在太空只需要四天就可以结茧。

在蚕宝宝明星组合出色地完成天上的任务后,航天员将蚕茧冷冻起来送回了地球。中国农业大学和清华大学的科学家们接替航天员,成了太空蚕宝宝的新"保姆"。在实验室中,太空蚕茧顺利羽化为蛾破茧而出,并且"结婚生子",产下了不少"星二代"(图1-40)。

图 1-40　太空蚕茧羽化为蛾（上）并成功产卵（下）

太空蚕宝宝在天上亮相期间,科学家们可没闲着,他们在实验室培养了两组蚕宝宝作为太空蚕宝宝(称为"太空宝")的对照组,一组是在地面模仿太空环境饲养的蚕,称为"太模宝",一组是在地面正常饲养的蚕,称为"本地宝"。从图1-41可以看出,太空蚕的蚕茧形貌变化不大,相对来说短胖一些。

图1-41 "太空宝"、"太模宝"、"本地宝"的蚕茧对比

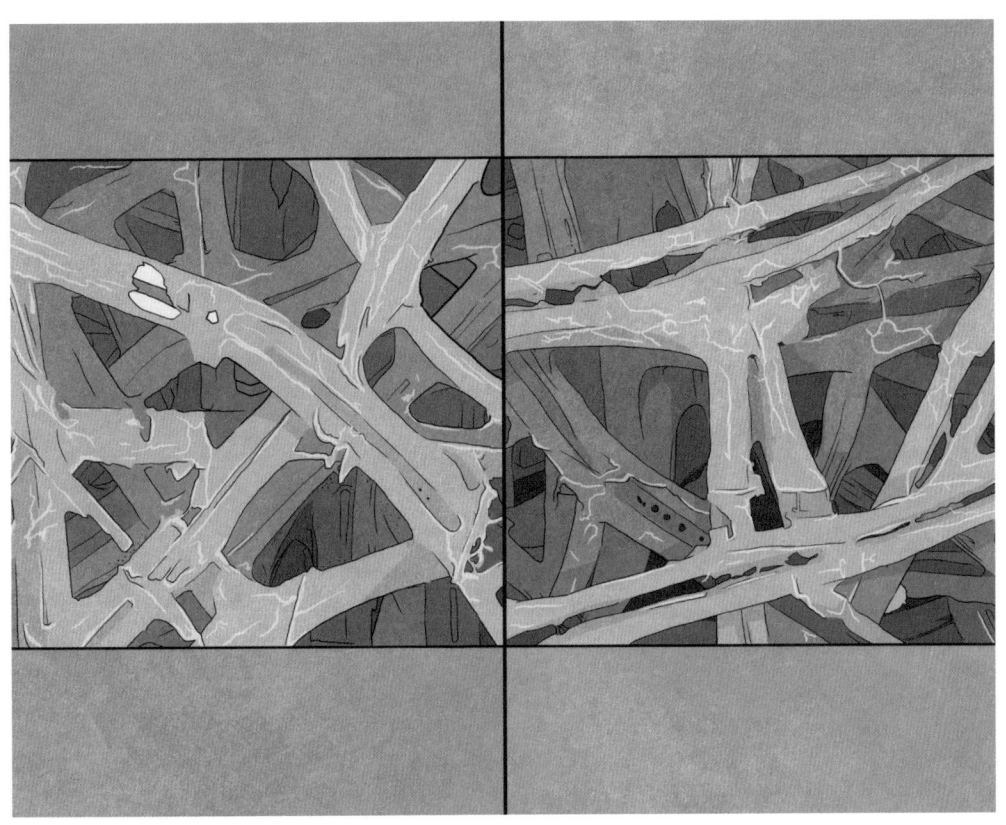

图 1-42　太空蚕蚕丝（左）与地面对照蚕蚕丝（右）的电子显微镜照片对比

科学家对太空蚕与地面对照组蚕的蚕丝也进行了对比研究（图 1-42）。研究表明，太空蚕的蚕丝直径明显大于地面对照组蚕的蚕丝直径，在强度、刚度、韧性等性能指标上均优于地面对照组蚕的蚕丝。

　　随着太空蚕宝宝回到地球结婚生子，它们慢慢退居幕后，淡出了公众视野。不过，它们亮眼的明星生涯至今仍有一定的影响力。从科学家的角度来看，太空养蚕实验证明蚕在太空能够吐丝结茧，而且整个蚕茧形貌并没有发生很大的变化。由于蚕丝的均匀度等性能指标有所提高，可以推测蚕在太空吐丝的行为略有改变，研究这些变化有助于改进家蚕养殖技术。

从中小学生的角度来看,香港中学生代表所有的中小学生把他们的梦想带上了天,通过我们的空间实验室把梦想变成了现实。很多小朋友们在地面看过、养过蚕,观察蚕宝宝在太空如何吐丝、结茧,极大地激发了他们爱科学的热情。从公众的角度来看,太空养蚕实验观赏性很强,在普及太空知识的同时,也激发了大众的太空热情,传达了"好奇不断、探索不止"的理念。

太空中的植物

02

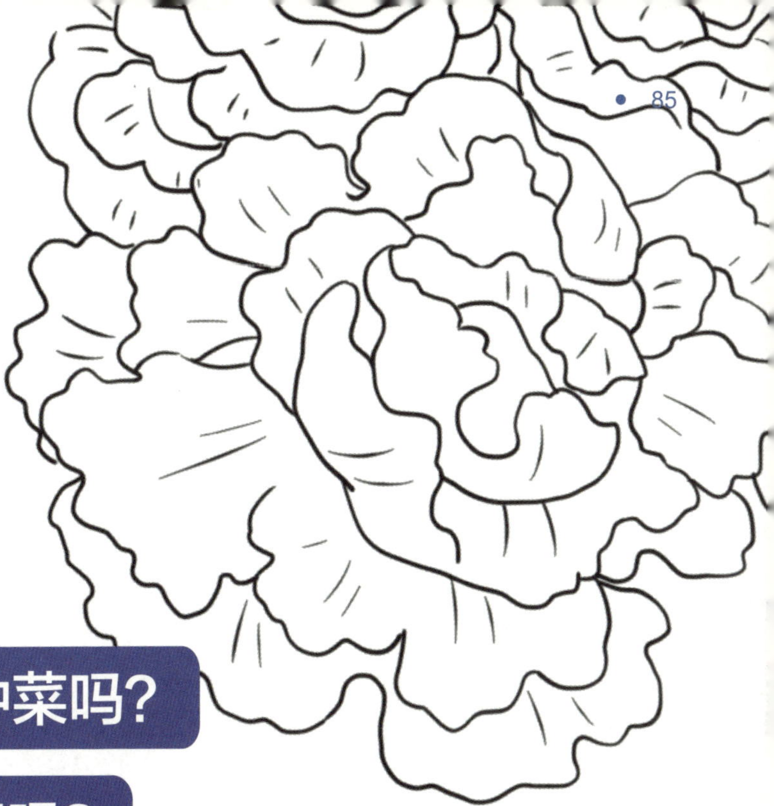

太空能种菜吗?
真的种过土豆吗?

说起在太空种菜,你是不是第一反应就是科幻电影《火星救援》里航天员马克在火星上种土豆?还有《地心引力》里种满了疑似大葱(或韭菜)的中国天宫空间站(图 2-1)?

虽然这些科幻电影里的场景在现实中尚未实现，但是太空真的能种菜！早在 20 世纪 70 年代，科学家就开始了太空种植的探索，在天上做过实验的花花草草已经有 40 多个品种，白菜、油菜、生菜、芥菜、西芹、菠菜、黄瓜、西红柿、土豆、萝卜、洋葱、大蒜、扁豆、甘蓝、甜菜、水稻、大麦、小麦、大豆、豌豆……

从这一长串的名字里是不是赫然发现了土豆君？科学家们真的在太空种过土豆！1995 年在美国"哥伦比亚号"航天飞机上开展了一项土豆培育实验，土豆也因此成为历史上第一种在太空种植的食物。研究人员从一个土豆母体上选取了十片叶子，每片叶子都带有腋芽和一小段茎。它们被平均分为两组，一组在地球进行对照实验。在地球上，短短几天内新的微型土豆就会从腋芽中发芽、生长出来。另一组叶子被送上"哥伦比亚号"航天飞机，在一个名为"太空栽培"的植物生长系统里进行培育（图 2-2），观察它们在太空的表现。太空栽培系统由美国威斯康星空间自动化和机器人中心开发。图 2-3 是航天员凯瑟琳·科尔曼在航天飞机上检查太空栽培系统中的土豆培育样本。

图 2-1 科幻电影里的太空种菜场景

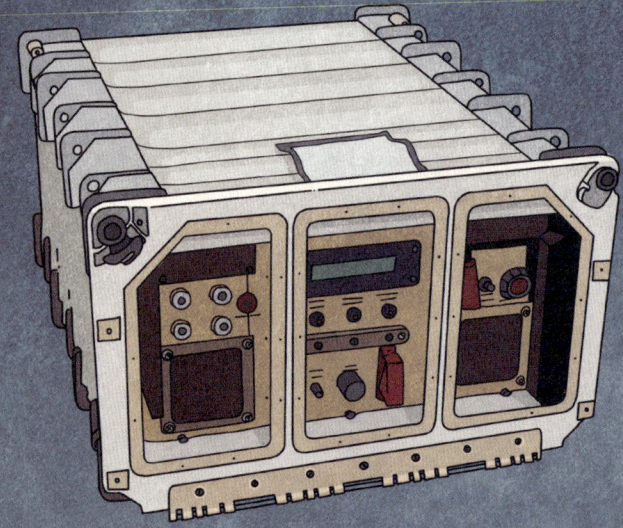

图 2-2 在"哥伦比亚号"航天飞机上的太空栽培植物生长系统（右）中，用土豆叶子（左）培育微型土豆的实验

图 2-3　航天员在航天飞机上检查土豆培育样本

　　航天飞机的飞行任务持续了 16 天，在此期间，留在地球上的五片土豆叶子都从腋芽上长出了微型土豆。当航天飞机回到地球后，科学家打开太空栽培植物生长系统的生长室，发现在太空的五片叶子的腋芽上也都长出了微型土豆，与地球上长出的土豆尺寸差不多，都是半个拇指大小。进一步检查显示，太空培育的土豆和作为对照组的地球上的土豆之间只有微小的差异（图 2-4），太空微型土豆中小颗粒淀粉占比更高。植物生物学家下结论说："如果你不仔细观察的话，看起来几乎一样。"实验表明，土豆可以在微重力状态下茁壮成长。

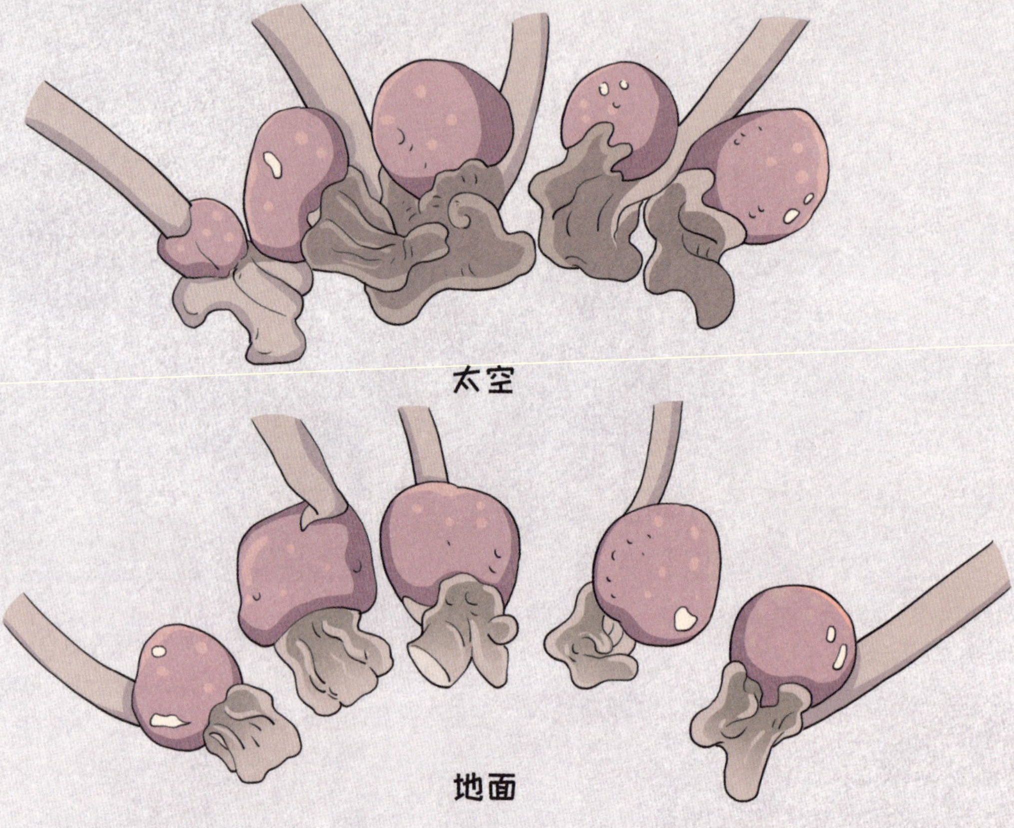

太空

地面

图 2-4　航天飞机上培育的土豆（上）与地面对照组培育的土豆（下）对比

扫码观看

薯条"妈妈"竟然会用到太空技术?

当你在快餐店吃薯条的时候,你能想到薯条与太空技术竟然也能有关联吗?

我们食用的土豆,只是土豆植株长在地下的块茎部分,长在地面上的有茎、叶、花和果实。我们很少会看到土豆的果实,在菜市场里也找不到。土豆的果实是一种浆果,看上去有点像小西红柿,里面有比芝麻粒还小的100～250粒种子。种子有6个月的休眠期,而且发芽缓慢,破土而出的能力很弱,所以一般不用它种植土豆。

用种子种植土豆这么困难,直接把可食用的土豆块茎种下去不是也能长出新土豆吗?的确,土豆的块茎上有芽,把块茎切开来直接种到地里,就能够生长。但是土豆的退化非常快,再优良的品种经过几代之后就会表现不佳。土豆也极易感染病毒,产量和品质会急剧下降。因此,优质、高产的土豆种植都是用"种薯"种植的。

种薯是采用组织培养方法培育出来的经过脱毒处理的微型土豆，看上去是一粒粒小土豆，专门用于播种，可以理解为薯条的"妈妈"。我们在快餐店吃到的薯条，就来自用种薯种出来的土豆。但种薯的培育也存在育种速度慢的问题，需要经过漫长的种植、培育和收获才能繁殖出足够的种薯，用于大面积的商业种植。

"哥伦比亚号"航天飞机上的土豆实验不仅验证了土豆可以在微重力状态下正常生长，还为地球上的种薯培育提供了一项新技术。美国 Ag-Tec 国际公司推出了一种名为"量子块茎"（Quantum Tubers™）的解决方案，克服了种薯开发的诸多限制，将太空技术成功应用于地面种薯培育。"量子块茎"系统采用美国威斯康星空间自动化和机器人中心为美国国家航空航天局开发的太空植物生长系统的技术，并与来自中国的种薯种植技术相结合。

在地球上，"量子块茎"系统采用独特的照明技术、高效的温度和湿度控制以及自动化技术，无需大量人工处理，每 40～50 天就能种植出一批种薯，而以往每年只能生产一小批种薯，大大提高了种薯的产量。更重要的是，在"量子块茎"系统种植的种薯不含病原体，不会受到疾病和害虫的影响。"量子块茎"系统全年可生产 10 万到 2000 万个种薯，大大改变了地球上种薯的开发方式。有了更多优质、高产的薯条"妈妈"，吃到更多、更好的薯条也变得容易啦！

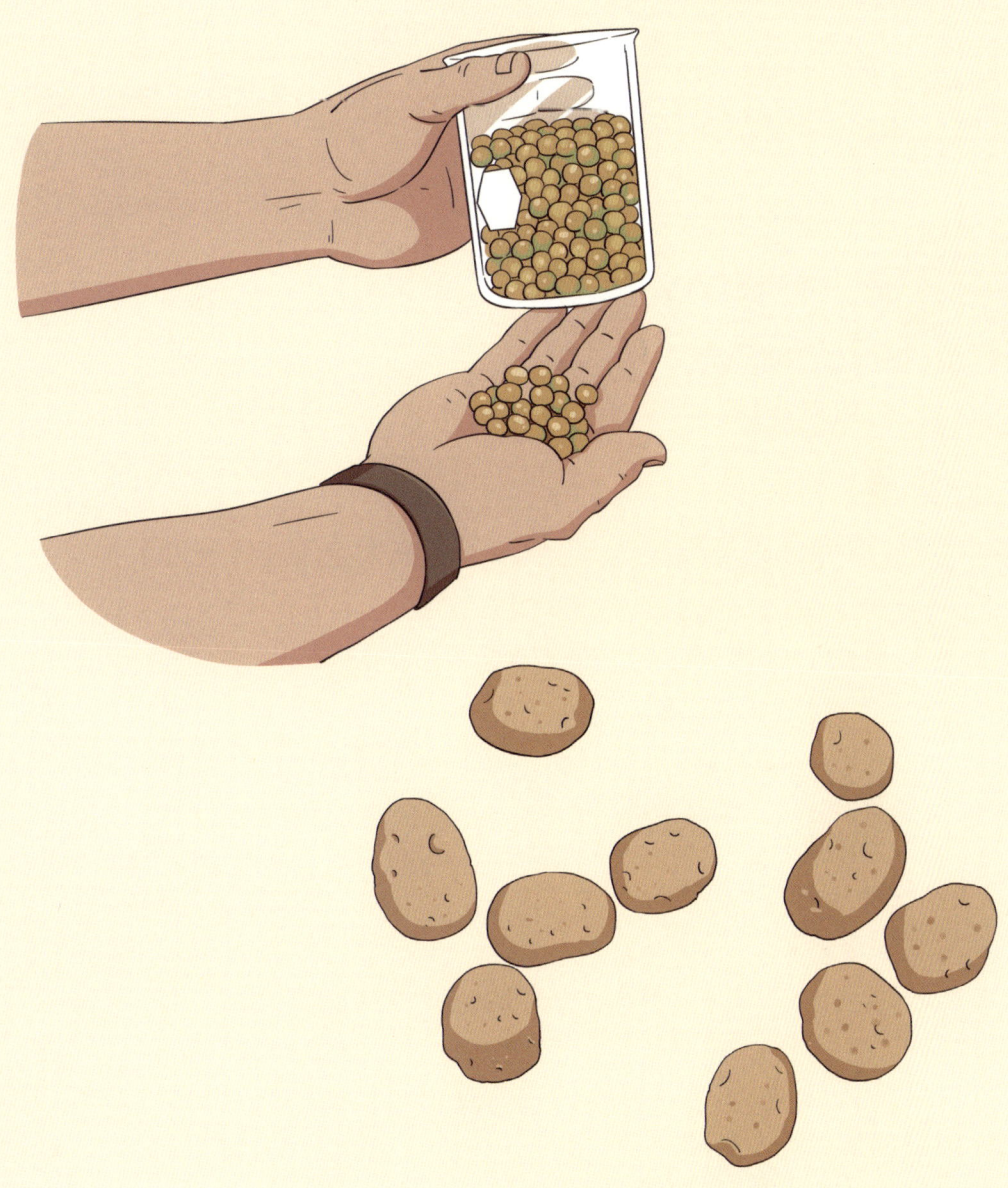

图 2-5 "量子块茎"系统培育的种薯以及用种薯长出的土豆

小故事

看完《火星救援》，几个孩子真在太空种上了土豆！

看完科幻电影《火星救援》，我们可能或多或少都有过"太空真的能种土豆吗？"这种疑问。美国布法罗公立学校的中学生想的却是：

"如果我们能在太空种土豆会怎样？"

在电影里的"火星人"航天员马克的激励下，布法罗公立学校三名中学生构想了在太空种土豆的科学实验，并在美国"学生太空飞行实验计划"中脱颖而出，成为入选进入国际空间站的几个实验之一。2017年2月19日，"猎鹰"9号火箭带着20个放置在试管中的种薯（图2-6）发射升空，抵达国际空间站。

这些种薯在太空发芽，大约六周后返回了布法罗。返回地球的太空土豆与地球土豆一起种植在温室里，测试太空出生的土豆在地球上的表现，了解太空土豆是否与陆地上的土豆具有相同的营养价值。孩子们的导师自豪地说：

"空间站上种植了许多不同的作物，但在地球上继续种植它们甚为罕见，这也是该实验真正独一无二的原因。"

图 2-6 中学生设计的太空种土豆科学实验,种薯被放置在特别试管中(右)并在国际空间站上生长

太空种什么菜好呢？
好吃的，还是抗饿的？

在开辟太空菜园子之前，科学家必须确定在空间站上用哪些植物进行实验。什么样的植物才会受到科学家的青睐呢？好吃的？还是抗饿的？营养价值高的？还是颜值高的？

在空间站种菜，植物的大小是一个至关重要的考虑因素。因为这里空间有限，每一立方米都要仔细规划和分配，必须尽量用最小的空间种植最多的蔬菜，那些占用空间较大的高秆植物首先就被淘汰出局。

简单、易操作也是一个重要的选择标准，植物栽培需要的培养设备重量、体积和功耗应尽可能小，栽培、管理和收获过程应尽可能简单。因此，太空植物种类应该具备如下特点：生长周期短，生长速度快，种植容易，可食用比例高，营养、可口和安全。

综合上述评判标准，绿叶蔬菜显然是最理想的选择，非常适合在太空培养，其中能生吃的沙拉类蔬菜更是稳稳占据太空种菜榜单的"C位"。它们占用空间小、种植比较容易，生长周期短、生长期间的管理也不复杂，更重要的是收获后稍微清洁处理就能生吃，可食用部分极高。图2-7是国际空间站上的"蔬菜总动员"——自2015年以来培育的能生吃的各种沙拉类蔬菜，以及辛勤培育它们的太空"菜农"们。

图2-7 国际空间站可食用沙拉类蔬菜一览

太空种菜就是把菜园子搬上天吗？

早期的太空植物栽培实验仅仅是让植物幼苗搭乘航天器到太空"串个门"。经过近 50 年的发展，太空植物已经能够在空间站"过日子"，从安家落户一直到茁壮成长。

不过在太空种菜，可不是简单地把菜园子搬上天！在空间站狭小的封闭区域里，开辟出马克种土豆那么大片的农田显然太不现实。植物宝宝们从出生到长大，都是住在专属贵宾房——空间植物培养箱里。箱子一般采用密封结构，以维持植物生长的特定环境条件。

图 2-8 是国际空间站上被称为"先进植物栽培装置"的空间植物培养箱，与迷你冰箱差不多大。它是目前世界上最大的空间植物生长室，容积 112 升。种植空间其实也没多大，能种得下 45 厘米高的植物，根区高度 5 厘米，是个超级迷你菜园子。图 2-9 是我国天宫二号空间实验室搭载的高等植物培养箱，进行了水稻和拟南芥的种植实验。拟南芥顺利生长，并开花结果。这是我国首次在太空中完成"从种子到种子"（指种子上天后，在太空经过生长、发育，又结出种子）全过程的空间植物培养实验。

图 2-8　国际空间站"先进植物栽培装置"

空间植物培养箱虽然大多只有微波炉那么大，里面可是满满的黑科技，具备温度、湿度、光照、空气循环、营养供给调节等功能，保证植物在微重力条件下生长发育。尽管没法把菜地搬上天，植物宝宝们在这样高科技的箱子里一样能健康地成长。

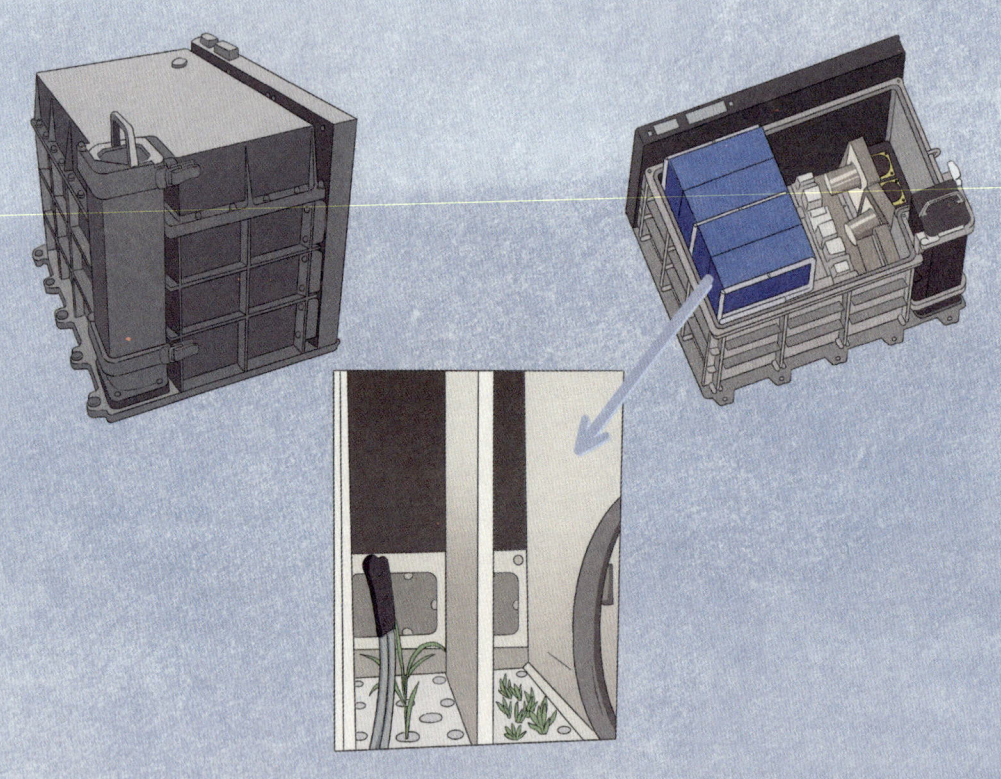

图 2-9 天宫二号空间实验室高等植物培养箱

图 2-10 拟南芥

植物实验界的网红——拟南芥

拟南芥这种植物长相平平，没有花香，没有树高，对大家来说很可能是一棵无人知道的小草（图 2-10）。它和油菜、萝卜等植物是亲戚，都属于十字花科植物，但没有油菜、萝卜好吃。就这样一种不起眼的植物，你肯定想象不到，它竟然是植物实验界的流量担当，植物学家的宠儿！

拟南芥究竟有何特别之处，能够跻身植物实验界的网红呢？原来，是因为它"四肢不发达、头脑简单"。拟南芥个头较小，只有 25～30 厘米的高度，甚至可以在普通试管的空间内生长，8 厘米见方的培养钵里能种植 4～10 株，非常适合在实验室等有限的空间内实现最大规模的种植。它的基因特别简单，有什么突变很容易被看出来，易于筛选。拟南芥还有一个优点就是长得快，从发芽到开花只需 4～6 周，每株可以产生数千至万枚种子，是进行植物遗传学研究的"天选之子"。所以就像果蝇经常被用来做动物实验一样，拟南芥被科学家誉为"植物中的果蝇"，成为太空植物实验里耀眼的明星。

植物在太空中会朝哪个方向长？分得清天与地吗？

对于在地球上生长的植物来说，我们理所当然地认为它分得清天与地，这种生长现象叫做向地性。不管种子在土壤中的位置是平躺还是倒置，植物的幼芽总是背地而长，向上追寻阳光和空气，植物的根总是向地而生，向下扎入土壤中吸收水分和养料。

然而，在太空中，植物所处环境的重力场只有地面千分之一到万分之一的水平。在这种微重力环境中，植物的重力方向感消失了。由于没有上下之分，植物的根和茎分不清天与地，不知道朝哪个方向生长。如果没有外界因素的刺激，植物就会呈现随机自由生长状态。

图 2-11 是天宫二号空间实验室里的拟南芥在黑暗状态下生长的荧光照片，可以看出，与地面相比，拟南芥在天上已经"放飞自我"，向四面八方随意生长，上下左右颠倒。根到处乱钻，变成一团乱麻，茎也是随意蔓延，多了很多枝枝杈杈，呈现螺旋状攀附生长。

图 2-11 天宫二号空间实验室里拟南芥在黑暗中无序生长的荧光图片

植物在太空"野蛮"生长?怎么办?

如何解决植物在太空微重力环境下发懵"野蛮"生长的问题,让它们识别方向,有序生长呢?科学家们研究设计了两大法宝。

第一个法宝是给植物施加光照。科学家通过实验发现,在太空中如果有光的话,植物的茎"给点阳光就灿烂",会向着光源的方向生长。图 2-12 是重力和光对植物生长方向的影响实验:

·在地面有重力、有光照的环境下,植物幼苗越来越大,越来越绿,而且都向上(光的方向)生长;根向下生长。

·在地面有重力、无光照的环境下,植物幼苗向上生长但叶子非常薄,颜色发白;根向下生长。

· 在太空微重力、无光照的环境下,植物失去方向,茎与根向四面八方生长,上下左右颠倒,到处都是,幼苗颜色发白。

· 在太空微重力、有光照的环境下,植物幼苗越来越大,越来越绿,而且都向光的方向生长;根呈现弯曲状。

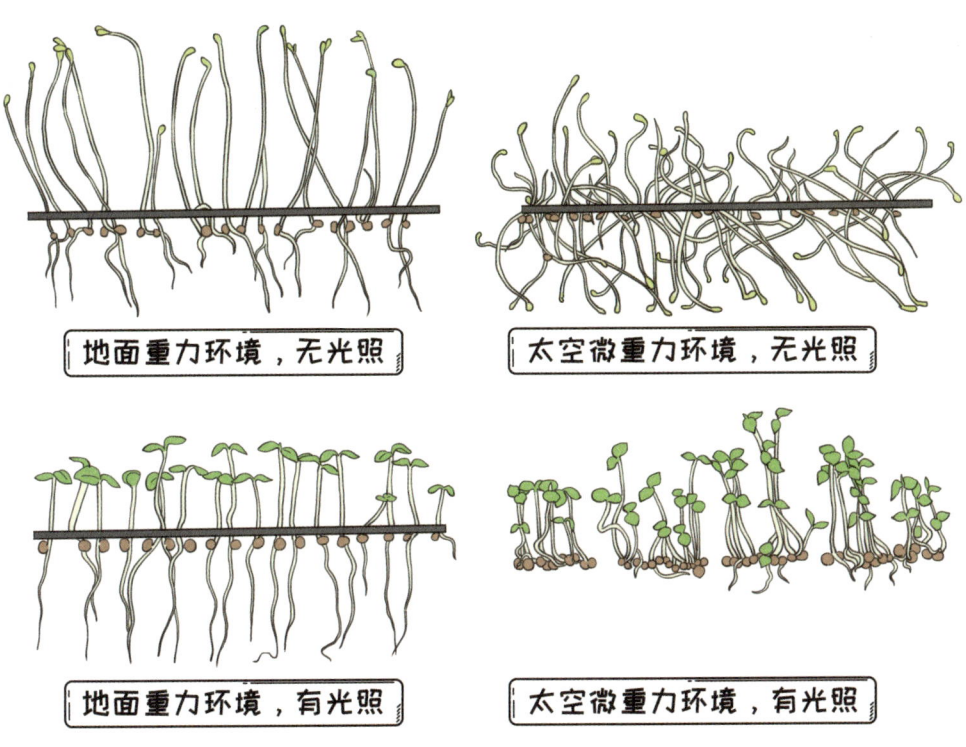

图 2-12　重力和光对植物生长方向的影响实验

实验表明，光或重力帮助植物知道向哪个方向生长。如果两者都缺席，植物会陷入困惑，"野蛮"生长。在太空微重力环境下，只要施加光照，由于植物有趋光性，就会老老实实地朝着光的方向生长。

第二个法宝是特殊的栽培盒。植物除了趋光性之外，还有趋水、趋肥性，植物的根部会朝着有水分和营养充足的方向生长。在太空中利用这一特性，可以把植物的根系约束在一定的范围内，比如约束在培养基质或者营养包里，植物就只在这里长根。

科学家们研究设计了特制的栽培盒，里面装有特殊的栽培基质和肥料。将植物固定培养在栽培盒里，放置于植物培养箱中，植物的根部就会朝着富有水分和养分的基质生长。植物种子用天然胶粘在栽培盒的垫层上，引导植物根部在没有重力的情况下，向着寻找栽培盒底部肥料的方向生长，即"向下"生长到栽培盒中。

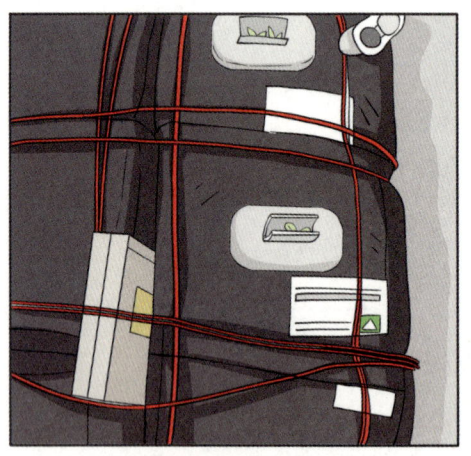
太空植物在栽培盒中培育

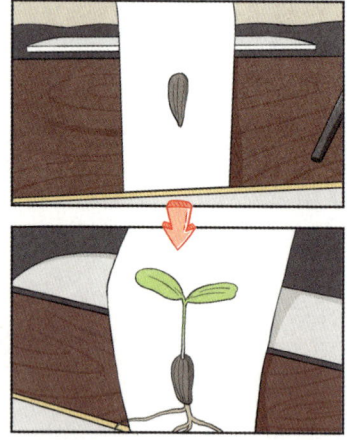
种子在栽培盒中生长发芽

图 2-13　太空植物在栽培盒中生长示意

不管是什么太空植物，一律喜欢粉红色？

在太空，植物无法获得充足的自然阳光，必须靠灯光提供光照才能正常生长。太空植物栽培装置采用 LED 灯作为生长光源，每天给太空植物做灯光浴。

哪种颜色的灯光能让植物茁壮成长呢？研究发现，植物光合作用中对可见光的吸收主要集中在波长 400～510 纳米的蓝紫区和 610～720 纳米的红橙区，因此使用红色和蓝色 LED 灯就可以很好地培养太空植物。

其中红色光（波长 630～660 纳米）是太空植物栽培采用的最主要的光源，有助于植物茎部的生长与叶片的伸展，还可以调节植物开花、休眠与种子发芽等。但是只有红光时，植物生长表现不佳。在红色中添加蓝光（波长 400～520 纳米）后，植物的叶绿素含量、叶片厚度、形态舒展等都有所改善。

在只有红色和蓝色 LED 灯照明的情况下，植物呈现紫色，让看惯了地球上绿色植物的航天员感觉十分怪异。为了改善视觉效果，提升颜值，科学家又加入了少量的绿色光（波长 500 ～ 600 纳米），这样太空植物终于看起来和地球上的植物差不多了。采用红、蓝、绿三色 LED 灯照明时，复合光线呈现粉红色（图 2-14）。

最初加入绿光作为辅助光源，只是出于增加观赏性，便于航天员观察植物生长的考虑。绿光只是个"群演"，起到背景板的作用。但是后来的研究发现，绿光能够穿透较密集的植物冠层顶端区域，协助下层区域中的叶片生长。因此在实际应用中，绿光从群演升级成了配角，"红、蓝、绿"组合发出的粉红色灯光成为目前太空植物栽培装置的标配。所以呀，不管什么植物，上了太空都会喜欢粉红色，每天都要美美地做粉红灯光浴！

图 2-14　用红、蓝、绿 LED 灯为植物提供照明

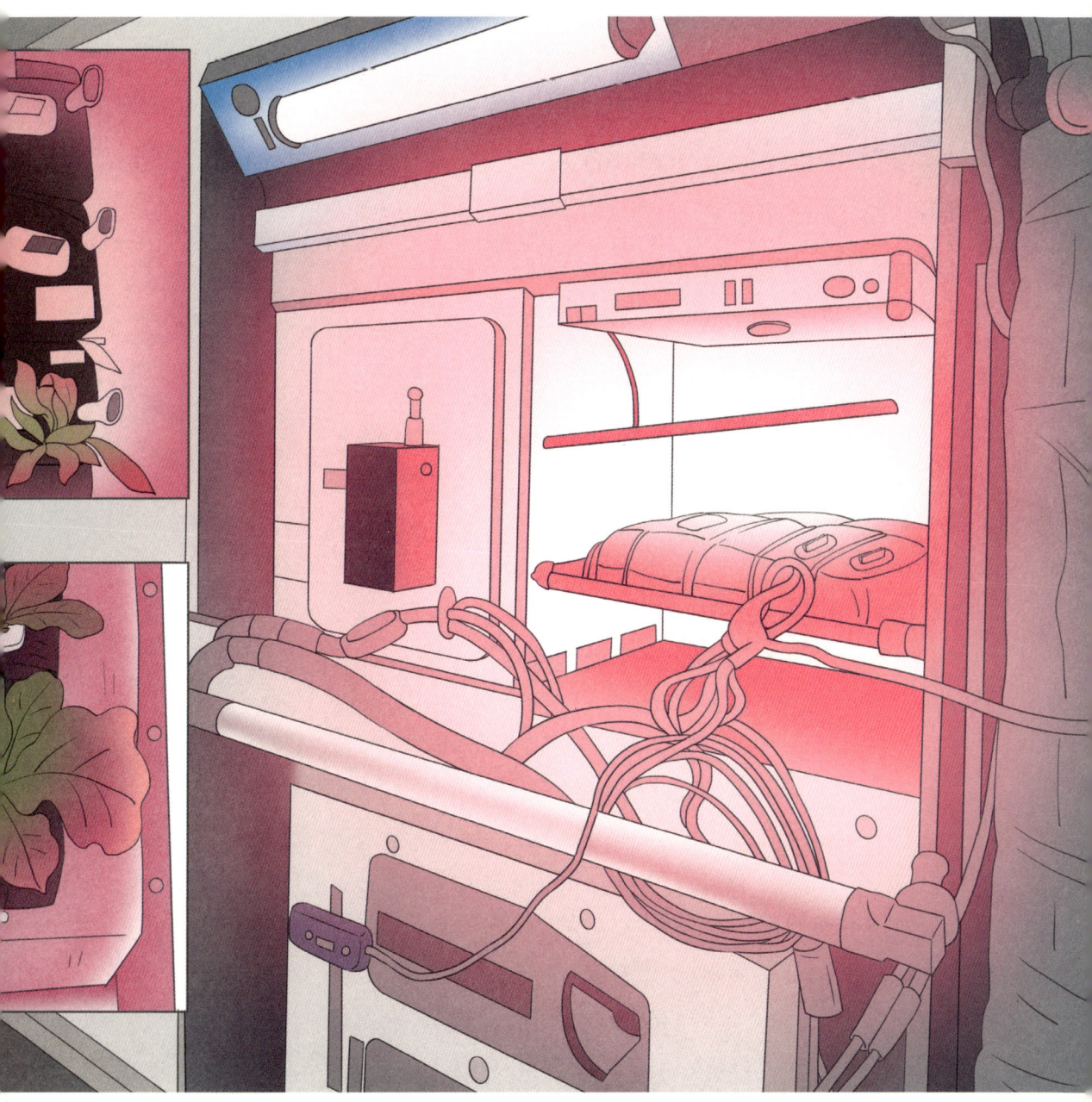

太空植物又没病，为什么经常要打针？

植物要生长，除了做灯光浴，还得喝水。可是，你知道太空中给植物浇水有多麻烦吗？首先你无法使用喷壶，水会不停地飘来飘去。在地球上，植物蒸腾作用产生的水蒸气会在遇冷凝结为水珠后，在重力的作用下落到土壤中。而在太空，水珠无法下落或上升，会飘浮在空中或在植物叶片周围聚集。土壤中的水也会在植物的根部周围聚集，严重时造成根部窒息。此外，微重力条件下，气液分离非常困难，会导致植物的呼吸作用与光合作用所需的气体交换变得困难。这些因素会使得植物出现缺氧的症状，导致生长缓慢，甚至死亡。

为了解决这些问题，科学家在植物生长的栽培盒里放入了特殊的栽培基质，帮助在植物根部周围健康平衡地分配水分和空气。栽培基质一般是固体，包括蛭石、沸石、煅烧黏土等（图 2-15）。这些基质含有作物生长所需的钾、磷、锌、铁等多种元素，同时具有很强的吸附性，水分在其中传导非常均匀，根系生长在栽培基质里就可以很好地吸收水分。

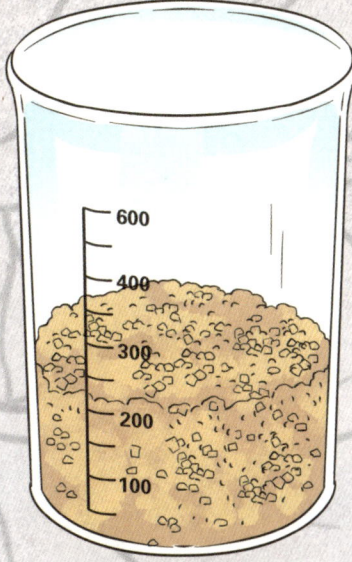

图 2-15　太空植物栽培基质示意

在栽培盒的底部设计有特殊的储水箱,植物浇水是通过"打针"完成的,航天员定期通过注射器将水添加到栽培盒中(图 2-16)。所以,航天员给植物打针,可不是因为植物全都生病哦!

扫码观看

图 2-16　航天员通过打针的方式为太空植物浇水

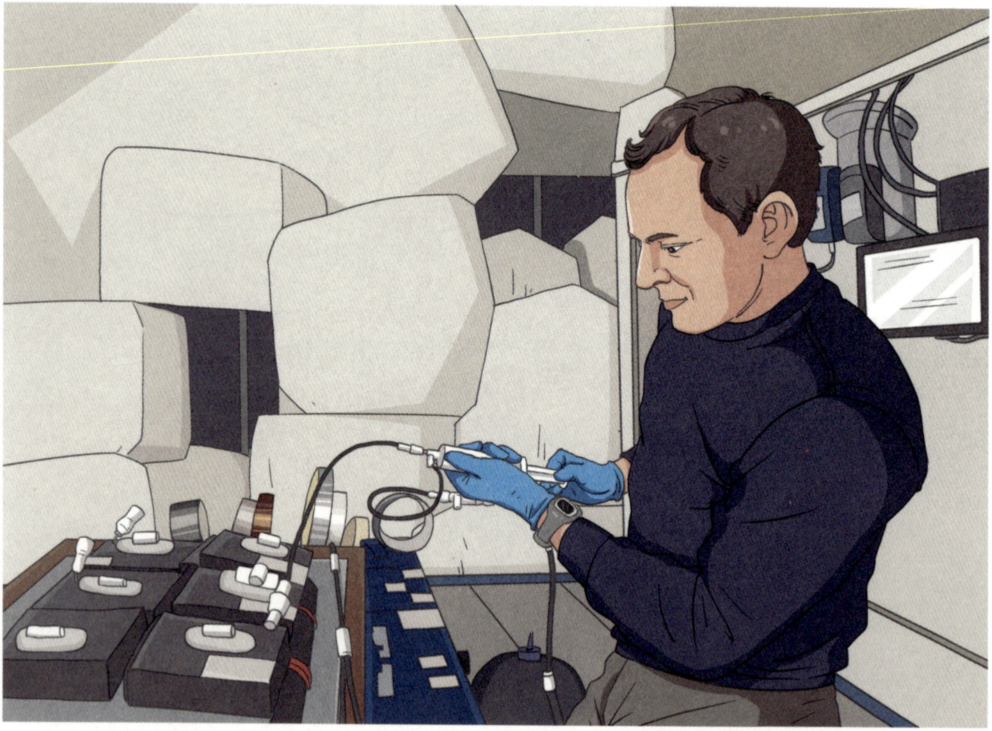

没法"招蜂引蝶"，太空植物怎么传宗接代？

地球上植物的传宗接代有两种方式，一种是自力更生，对于自花授粉的植物来说，由于地球重力，花粉很容易散落到雌蕊柱头上，自己完成授粉和受精过程；一种是"招蜂引蝶"，通过风或者昆虫、鸟类来完成。但是太空微重力环境下，授粉过程却变得无比艰难。当花粉释放后，多数都会悬浮在空中，难以自然落到柱头上，靠自力更生几乎没有传宗接代的可能性。而空间站既没有蜂也没有蝶，想借助外力也变得很困难！

没有办法自力更生，也无法招蜂引蝶，太空植物该如何传宗接代呢？

别慌，风扇来帮忙！科学家在植物培养箱中，增加了气流系统，通过制造微风来帮助植物完成授粉。例如国际空间站上的先进植物栽培装置，通过变速运行内部的风扇，在生长室内产生微风，帮助花粉落到雌蕊柱头上。

除了使用风扇，航天员们也会化身为辛勤的小蜜蜂，手动帮忙为植物授粉。图 2-17 是国际空间站上的航天员正在使用一个小画笔给开花的小白菜授粉。在讨论了多种选择，包括让花朵自花授粉后，航天员还是选择了亲自上阵，以确保植物完全授粉。科学家们评论说：

"他使用画笔授粉后，种子产量很高。"

图 2-17 航天员使用一个小画笔给开花的小白菜授粉

小故事

在太空绽放的第一朵花,背后的功臣你绝对想不到!

风扇的本领可不仅仅是帮助太空植物授粉!你绝对想不到,第一朵花能在太空绽放,背后的功臣竟然也是风扇!

2015年,国际空间站进行了一项培育百日菊的实验。百日菊是一种非常难以种植的植物,生长周期比较长,需要60~80天,对环境参数和光线的要求也很敏感。进行这项实验的目的是摸索特殊环境下植物开花的条件。

百日菊成长过程比想象的还要困难,经常病怏怏的,好几次差点香消玉殒。百日菊刚刚种下去不久,就出现了无法吸收水分的问题,叶子边缘不断渗出水珠。由于航天员不能自行处理百日菊出现的问题,而是需要拍下照片,发给地面的科学家,科学家在一番讨论后再给航天员发送指令,这样往往会造成抢救行动的滞后。当航天员被告知不要浇水时,百日菊已经长时间被水浸泡,叶子开始大幅卷曲,叶子和根部长出了霉菌,出现了细菌感染的情况。在植物专家团队的指导下,航天员切掉了百日菊被感染的组织,给叶片消毒,挽救了百日菊的生命。

　　为了彻底解决百日菊生长环境过于湿润，随时可能引发霉菌导致一命呜呼的问题，一个神器闪亮登场——风扇！航天员专门使用了一架风扇对着百日菊吹，好让花儿变得干燥一些。风扇的效果立竿见影，甚至有点过于强劲，以至于有两株百日菊风中凌乱，出现了脱水的症状不幸夭折，好在还有两株幸存下来健康成长。在风扇神器的帮助下，2016年1月8日，历经磨难的百日菊悄然绽放（图2-18），成为"第一朵在太空开放的花朵"。航天员在社交媒体上发布了百日菊的第一张照片，引发了人们巨大的关注，收到了600万条留言。这可不仅仅是第一朵在太空开放的花朵，还是风扇神器挽救的太空花朵！

图2-18　第一朵在太空开放的花朵百日菊

太空种的菜能吃吗?
和地球上的菜味道一样吗?

　　在太空吃上新鲜蔬菜已不再遥不可及。2015年8月10日,国际空间站上种植的生菜喜获丰收。在此之前的一批生菜在采摘后并没有交给航天员食用,而是送回地球进行食品安全分析。这一次,航天员终于可以一饱口福了。他们将生菜叶擦干净后,滴上了几滴橄榄油和香醋,给生菜叶调味,开心地品尝起来,"太棒了,还是新鲜的好!"一名航天员还表示:"味道好极了,有些像芝麻菜。"除了口感之外,据检测,太空生菜含有的营养价值与地球生菜基本一致。科学家认为,这一口舌尖上的味道非同寻常,是人类迈向深空的重要一步。

图 2-19　航天员在国际空间站品尝太空种植的生菜

图 2-20　太空辣椒和用它制作的墨西哥玉米饼

此后，科学家对生长周期达 120 天的辣椒发起了种植挑战。2021 年 11 月，辣椒丰收啦！航天员们把新鲜的辣椒切碎，和从地面上带来的西红柿、肉酱，以及其他佐料一起，做了一份墨西哥玉米饼，品尝了辣椒美味（图 2-20）。航天员表示，这是"迄今为止最好吃的太空玉米饼"。

其实，早在 2016 年 11 月，我国在天宫二号空间实验室也成功种植了生菜。由于是首次在太空栽培蔬菜，未让航天员食用，而是冷冻带回地球进行生物安全性检测。2022 年 6 月神舟十四号乘组进驻天宫空间站，航天员蔡旭哲把生菜种子带上了天。经过航天员近三个月的精心照料，两株太空生菜茁壮成长，绿意盎然，并在中秋节当天成了三名航天员的节日"加菜"。航天员们开心地说："太空生菜味道美极了！"未来天宫空间站将有序开展更多的空间植物栽培实验，对有种菜天赋的中国人来说，我们的航天员吃上品种丰富的太空沙拉指日可待，说不定还会招聘太空厨师呢！

图书在版编目（CIP）数据

太空实验：动植物篇 / 朱林崎著. -- 北京：国防工业出版社，2023.4 重印

（"走进天宫"科普丛书）

ISBN 978-7-118-12719-5

Ⅰ.①太… Ⅱ.①朱… Ⅲ.①航天站—中国—普及读物 Ⅳ.① V476.1-49

中国版本图书馆 CIP 数据核字（2022）第 230739 号

太空实验：动植物篇

朱林崎　著

出版发行	国防工业出版社
社　　址	北京市海淀区紫竹院南路 23 号
电　　话	010-88540777
网　　址	www.ndip.cn
印　　刷	雅迪云印（天津）科技有限公司
开　　本	889mm×1194mm　1/24
印　　张	$5\frac{1}{2}$
字　　数	95 千字
版　　次	2023 年 1 月第 1 版
印　　次	2023 年 4 月第 2 次印刷
印　　数	10001—20000 册
定　　价	52.00 元